Praxishilfen für den Mittelstand

Praxishilfen für den Mittelstand

JÜNGER MEDIEN

Bibliografische Information der Deutschen Nationalbibliothek

Die Deutsche Nationalbibliothek verzeichnet diese Publikation in der Deutschen Nationalbibliografie; detaillierte bibliografische Informationen sind im Internet über http://dnb.d-nb.de abrufbar.

ISBN 978-3-7664- 9957-8

Im Vertrieb von: Jünger Medien Verlag + Burckhardthaus-Laetare GmbH, Offenbach

Herausgeber: Beraternettzwerk

Lektorat: Anja Hilgarth, Herzogenaurach
Redaktion: Jünger Medien Verlag, Offenbach
Umschlaggestaltung: Martin Zech, Bremen
Foto Buchumschlag: denisismagilov/fotolia
Satz und Layout: ZeroSoft, Timisoara
Druck und Bindung: Salzland Druck, Staßfurt
1. Auflage 2019

© 2019 Beraternettzwerk, Mönchengladbach

www.juenger.de
www.beraternettzwerk.de

Hinweis: Wenn aus Gründen der Lesbarkeit im Text kein geschlechtneutraler Begriff bzw. die männliche Form gewählt wurde, beziehen sich die Angaben selbstverständlich gleichermaßen auf Angehörige aller Geschlechter.

Inhaltsverzeichnis

Liebe Leserin, lieber Leser,

was sind die wichtigsten Erfolgsfaktoren im Mittelstand?

„Da gibt es viele", werden Sie denken, und damit haben Sie recht. Neben der eigentlichen Geschäftsidee sind es z.B. oft der Standort der Unternehmung, die Konkurrenzsituation oder die konjunkturelle Lage. Gerade aber bei kleinen und mittleren Unternehmen (KMU) steht die Person des Unternehmers im Mittelpunkt. Hier gilt: Je kleiner die Firma, umso mehr ist der Inhaber selbst verantwortlich. Gerade wenn es nur wenige Mitarbeiter gibt, fungiert der Inhaber oft als Universalgenie für Produktion, Einkauf, Marketing, Vertrieb sowie vieles andere mehr. Dabei ist am Ende eines Tages oft noch viel Arbeit übrig.

An dieser Stelle kommt unser Beraternetzwerk ins Spiel. Unter www. beraternettzwerk.de finden Sie schnell Unterstützung. Alle dort geliste-

ten Berater sind berufs- und lebenserfahren und durch ihre eigene Selbstständigkeit mit den Themen von Unternehmern im Mittelstand vertraut.
Dabei hat sich jeder Berater als Experte auf ein Fachgebiet spezialisiert,
gleichzeitig können wir als Generalisten mit den Instrumenten der Offensive Mittelstand (www.offensive-mittelstand.de) eine Bestandsaufnahme
in jedem mittelständischen Unternehmen durchführen.

Der vorliegende Sammelband gibt Ihnen einen kleinen Überblick darüber, bei welchen Themenstellungen die Autoren Sie mit ihrer Expertise
unterstützen können. Dabei liegt der Schwerpunkt immer auf praxisna-
hen und sofort umsetzbaren Tipps zur Verbesserung der Situation in Ihrem Unternehmen.

Bei der Optimierung Ihrer individuellen Erfolgsfaktoren wünschen wir
Ihnen viel Erfolg und unterstützen Sie gerne. Probieren Sie es aus, wir
vermitteln Ihnen gerne ein kostenloses Kennenlern-Gespräch in Ihrem
Unternehmen!

Claus Heitzer

www.beraternettzwerk.de

© Studio Hirschmeier

Susanne Fillers

Nach einer kaufmännischen Ausbildung arbeitete Susanne Fillers zunächst im Berufsbildungs-bereich in unterschiedlichen Projekten, bevor sie in einem expandierenden Großunternehmen eine Personalentwicklungs- und Schulungsabteilung aufbaute. Neben der Entwicklung, Durch-führung und Evaluation von Seminaren und Trainings entwickelte sie Maßnahmen zur Förde-rung und Bindung von Mitarbeitenden. Nach einer berufsbegleitenden Coaching-Ausbildung bietet sie seit 2009 als selbstständiger und zertifizierter Coach Beratungen und Trainings für und in Unternehmen an.

Neben Trainingsmaßnahmen im Bereich Personalentwicklung, Teambuilding und persönlicher Weiterentwicklung liegen ihre besonderen Schwerpunkte in der Beratung und Unterstützung von Unternehmen, die ihre Führungskräfte stärken sowie das Thema Unternehmensnachfolge gestalten wollen. Vielfache Referenzen aus Handwerk, Handel und Dienstleistung zeichnen sie dabei aus.

www.takt-wechsel.de

Wie die innere Haltung den Unternehmenserfolg beeinflusst

Die Umstände sind schwierig – Mitarbeiter machen nicht, was sie sollen. Kunden werden immer anspruchsvoller. Es ist hart, erfolgreich zu sein. – Zu dieser Sichtweise kann man gelangen, wenn man sich bewusst macht, wo es überall Herausforderungen oder Stolpersteine gibt. Aber warum gibt es andere Unternehmer, die nicht nur erfolgreich sind, sondern sogar scheinbar noch zufrieden – ja manche sogar beschwingt, als würde ihnen alles zufallen?

Der Zusammenhang zwischen Ergebnissen und Überzeugungen

Beispielsituation: Ein mittelständisches Unternehmen handelt mit Produkten rund um den Gesundheitsbereich. Der Unternehmer ist schon lange im Geschäft, hat den Betrieb aufgebaut und kennt sich am Markt aus. Wirtschaftlich gesehen gibt es normale Höhen und Tiefen, gegen einen Engpass muss nicht gekämpft werden, aber so richtig gut läuft es auch nicht. Es gibt es eine hohe Unzufriedenheit – sowohl bei Kunden und Mitarbeitern als auch beim Chef selbst. Er versucht darauf zu reagieren, indem er diverse Berater ins Unternehmen holt, das Organigramm und Aufgabenbereiche immer wieder verändert und versucht, die Mitarbeiter zu mehr Leistung zu bringen.

Stellen wir uns das Eisbergmodell vor. Dieses sehr bekannte Modell findet zur Verdeutlichung in Psychologie, Pädagogik und Betriebswirtschaft Anwendung und lässt sich auch für die eigene Persönlichkeitssteuerung sowie betriebliche Zusammenhänge nutzen.

Wie Sie wissen, befindet sich der überwiegende Anteil eines Eisbergs unter der Wasseroberfläche. Stellen wir uns vor, dass sein sichtbarer Teil, etwa 1/7, für die Ergebnisse im Leben steht. Damit sind sichtbare Resultate gemeint, wie etwa in diesem Beispiel die wirtschaftlichen Kennzahlen des Unternehmens, die Kundenbeschwerden, aber auch Fehler, Kommunikationsprobleme untereinander und mit Kunden sowie funktionale und dysfunktionale Abläufe.

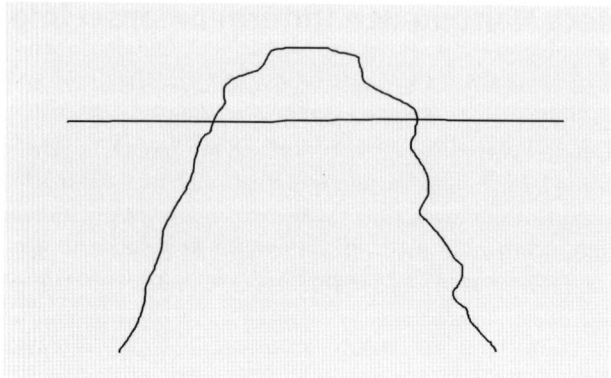

Das Eisbergmodell (stark vereinfacht)

Wenn der Unternehmer, wie in unserem Beispiel, diese Ergebnisse verändern möchte, reicht es zumeist nicht, auf der sichtbaren Ergebnis-Ebene Maßnahmen einzuleiten. Es ist möglich, dass er sich tolle neue Abläufe einfallen lässt – und die Mitarbeiter dennoch keinen Deut zufriedener oder motivierter sind. Denn es wird ein sehr großer Bereich ausgeklammert: die untere Ebene des Eisbergs, die für die inneren Haltungen und persönlichen Überzeugungen steht und immerhin etwa 6/7 ausmacht!

Um also im Bereich der Ergebnisse erfolgreicher zu sein, sollte zusätzlich auch die Ebene untersucht werden, die eine große Mitverantwortung für die Resultate trägt.

Was bedeutet das für uns persönlich?

Jeder Mensch entwickelt im Laufe seines Lebens zu allen Bereichen Meinungen und Überzeugungen. Manche inneren Haltungen übernehmen wir in früher Kindheit von unserem Umfeld, ohne diese groß zu hinterfragen. Andere Überzeugungen entwickeln wir aufgrund von Erfahrungen, die wir gemacht haben.

Jede Situation, die wir erleben, bewerten wir und ziehen unsere Schlussfolgerungen daraus. Dies ist auch gut und sinnvoll, schließlich will unser Verstand die Ereignisse einordnen und für unsere Sicherheit sorgen. Wir neigen allerdings manchmal dazu, zu verallgemeinern und eine frühere Erfahrung auf eine neue Situation zu projizieren, ohne darüber nachzudenken. Dadurch besteht die Gefahr, Automatismen zu entwickeln und nicht mit neuer Überlegung an eine Situation heranzugehen, sondern aufgrund einer früheren Erfahrung genauso zu reagieren, wie es damals vielleicht sinnvoll war, heute aber unangemessen ist.

Im persönlichen Coaching ist es immer die erste Aufgabe, die Ergebnisse zu beleuchten, die verändert werden sollen, z. B. mehr Umsatz, Kundenzufriedenheit und motiviertere Mitarbeiter. Es gibt natürlich eine Menge Maßnahmen auf der Ergebnis-Ebene, die initiiert werden können, z. B. Marketingmaßnahmen, Preisaktionen, neue Akquisewege, andere Aufgabenbereiche für Mitarbeiter, Prämien etc.

Selbstverständlich spreche ich im Beratungsgespräch auch über solche Möglichkeiten. Mein Schritt zuvor ist jedoch, mit dem Klienten dessen innere Haltung zu untersuchen. Nicht immer sind äußere Umstände für die Ergebnisse verantwortlich; viel häufiger haben unsere Ergebnisse mit unseren innersten Einstellungen zu tun. Dieser Zusammenhang ist uns jedoch häufig nicht bewusst und wird durch das Coaching bewusst und greifbar gemacht. Erst wenn man selbst die eigene Bewertung erkennt, hat man die Wahl, die bisherige innere Haltung beizubehalten oder zu verändern.

Was bedeutet das für den Unternehmer in unserem Beispiel?

Im Fall unseres Unternehmers stellte sich durch unser Coachinggespräch heraus, dass er seinen Mitarbeitern nicht vertraute. In verschiedenen Situationen – an denen er durchaus seinen Anteil trug, wie ihm klar wurde – hatte er negative Erfahrungen mit Menschen gemacht, denen er wichtige Unternehmensbereiche anvertraut hatte. Dies hatte dazu geführt, dass er die wichtigen Aufgaben lieber wieder selber übernahm und die Transparenz seinen engsten Mitarbeitern gegenüber wieder einschränkte. Er wollte nicht noch einmal die Kontrolle verlieren.

Der Mitarbeiter, mit dem das Vertrauensverhältnis zerrüttet war, wurde gekündigt. Sicher ein richtiger Schritt, wenn mit Geldern nicht verantwortungsbewusst umgegangen wird. Unbewusst nahm der Chef aber auch die anderen Mitarbeiter in „Sippenhaft", schränkte also auch ihnen gegenüber sein Vertrauen ein, was dazu führte, dass sie weniger involviert waren, die strategische Ausrichtung des Chefs nicht mehr kannten und die Kommunikation insgesamt abnahm. In der Folge kam es zu Reibungsverlusten und weiteren Fehlern, die der Unternehmer wiederum als Beleg dafür nahm, dass seine Mitarbeiter nicht gewissenhaft arbeiteten, eigentlich keine Lust hatten und kein Vertrauen verdienten. Die Mitarbeiter, die das Misstrauen des Chefs spürten, auch wenn er es nicht offen aussprach, zogen sich weiter zurück, sprachen über den Flurfunk über die Missstände und waren zunehmend demotiviert, was zu weiteren Fehlern und Minderleistung führte, was wiederum erneut die Haltung des Chefs bestätigte, dass seine Mitarbeiter nichts taugten.

Ein Teufelskreis.

Welche Optionen hat unser Unternehmer?

Im Coaching ist es mir wichtig, die Überzeugungen zu untersuchen, die zu den eigenen Ergebnissen führen. Wie beschrieben, sind uns nicht alle Überzeugungen bewusst und jeder Mensch zieht aus seinen Erlebnissen andere Bewertungen und Schlussfolgerungen. Gemeinsam finden wir die individuellen Haltungen des Klienten heraus, um die eigene Handlungsmotivation bewusst zu machen und dann die Wahl treffen zu können: „Will ich an dieser inneren Einstellung etwas ändern? Was hätte das zur Folge? Oder behalte ich meine Überzeugung bei – und was hätte das zur Folge? Welche Veränderung bei den Mitarbeitern ist möglich, wenn ich selbst nichts ändere?"

In unserem Beispiel ist sich der Unternehmer durch das Coachinggespräch bewusst geworden, dass verschiedene negative Situationen mit Mitarbeitern ihn dazu gebracht haben, vorsichtiger mit Unternehmensinformationen umzugehen. Ihm wurde klar, dass es Zeiten gab, in denen er blind vertraut, Mitarbeitern freimütig Aufgaben überlassen hatte und wie selbstverständlich davon ausging, dass sie seine Erwartungen erfüllen würden – allerdings ohne dass die Mitarbeiter diese wirklich kannten. Ihm wurde bewusst, dass dies viel mit seiner eigenen Kommunikation zu tun hatte: Er hatte seine Mitarbeiter nicht genügend eingearbeitet und ihnen nicht seine Erwartungen kommuniziert, hatte keine Vereinbarungen getroffen über die genaue Erfüllung ihrer Aufgabe.

Dieser Unternehmer hat nun die Möglichkeit, sein Misstrauen aufzugeben und mit seinen Angestellten eine neue Basis zu finden: kein blindes Vertrauen, sondern eine klare Definition, was voneinander erwartet und wie das Arbeitsgebiet gestaltet wird. Vertrauen fördern kann der Unternehmer, indem er seine Mitarbeiter einbezieht, ihre Ideen einfordert, klare Ziele steckt und seinen Mitarbeitern überlässt, wie sie dieses Ziel erfüllen wollen. Wenn er nun noch regelmäßig mit ihnen spricht, Fragen auf der Basis von Vertrauen stellt und positive Rückmeldungen gibt, werden seine Mitarbeiter eine neue Motivation gewinnen und gerne und bereitwillig ihre Leistung bringen.

Dann werden sie von sich aus mit Vorschlägen kommen, wie man neue Wege zur Umsatzsteigerung und Erhöhung der Kundenzufriedenheit gehen kann.

Der Zusammenhang zwischen Ergebnissen und Überzeugungen in unserem Beispiel

Dieses Beispiel ist nun etwas vereinfacht skizziert beschrieben worden. Vielleicht werden Sie nun sagen: Die Realität sieht ja viel komplexer aus! oder: So einfach gibt man ja sein Misstrauen nicht auf, wenn man gute Gründe dafür hatte.

Das stimmt. Es ist häufig nicht nur eine einzige Überzeugung, die uns ins Stolpern bringt. Manchmal sind es mehrere Bewertungen, die unseren Erfolg bremsen. Oft bringt es aber schon etwas, überhaupt damit anzufangen, sich selbst zu reflektieren. Dadurch setzt sich ein Prozess in Gang, der viele neue Entwicklungsmöglichkeiten bereithält.

Um eingefahrene Automatismen zu verändern, braucht es manchmal einen langen Atem. Die Wahl zu treffen, eine neue Haltung einzunehmen (wie zum Beispiel „Ab jetzt schaffe ich eine Basis von Vertrauen mit meinen Mitarbeitern"), ist wie das Umlegen eines Schalters – das geht ganz schnell. Dieses Vertrauen jedoch langfristig zu etablieren und sich selbst immer wieder auf diesem Weg zu motivieren, kann ein längerer Prozess sein. Aus diesem Grund empfehle ich in der Beratung, Meilensteine zu setzen, an denen man sich erneut zusammensetzt und gemeinsam reflektiert, was bislang funktioniert hat und wo der Klient wieder an seine Grenzen gestoßen ist. Dann kann man neue Handlungsoptionen besprechen. Nur so kann dieser Prozess zu nachhaltigem Erfolg führen.

Schauen wir uns den Zusammenhang zwischen den Ergebnissen und Überzeugungen bei unserem Unternehmensbeispiel einmal als mögliches Szenario an:

Aktuelle Ergebnisse:
- Mäßiger wirtschaftlicher Erfolg
- Kundenbeschwerden
- Mitarbeiterunzufriedenheit
- Wenig Kommunikation
- Unzufriedenheit und hohe Belastung des Unternehmers

Schlussfolgerungen und innere Haltung des Chefs:
- Ich bin enttäuscht durch das Fehlverhalten von meinen Mitarbeitern.
- Den Mitarbeitern kann man nicht vertrauen.
- Wenn ich die Kontrolle aus der Hand gebe, verliere ich.
- Ich mache so viel wie möglich selbst.

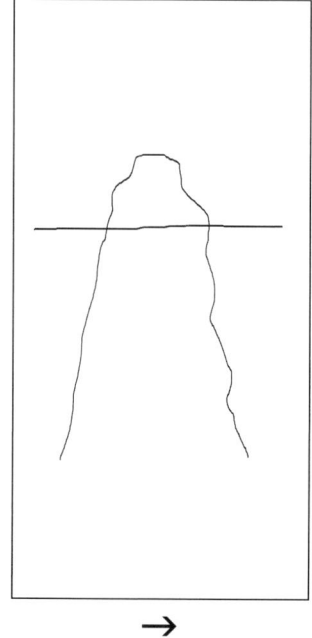

Angestrebte Ergebnisse:
- Wirtschaftlicher Erfolg
- Kundenzufriedenheit
- Engagierte und motivierte Mitarbeiter
- Klare Kommunikation
- Entspanntes und sinnstiftendes Arbeiten des Unternehmers

Neu gewählte innere Haltungen:
- Ich vertraue meinen Mitarbeitern und befähige sie.
- Ich delegiere angemessen.
- Ich stehe für wertschätzende und klare Kommunikation und spreche Fehler als Optimierungsmöglichkeit an.

$\rightarrow$

Konfliktbereitschaft als Unternehmenserfolg

Beispielsituation: Eine junge Unternehmerin kam mit dem Wunsch zu mir, ihr Verhalten zu überprüfen. Sie hatte festgestellt, dass ihr innerer Schweinehund immer größer zu werden schien. Sie fühlte sich antriebslos und wie gelähmt.

Nun kennt fast jeder von uns Zeiten, in denen man mal müde ist oder es schwerer fällt, sich zu motivieren. Für diese junge Frau hatte dies allerdings inzwischen zur Folge, dass sie bestimmte Projekte immer weiter hinausschob, sich dadurch Termine nicht einhalten ließen und sie am Ende auch ihren Unternehmenserfolg gefährdet sah. Wir begannen also, den Schweinehund näher zu identifizieren. Es stellte sich heraus, dass dieser nicht einfach nur für Bequemlichkeit stand oder der jungen Unternehmerin die Zielsetzung fehlte. Sie erkannte, dass sie überall dort Projekte nicht vorantrieb, die mit Schwierigkeiten verbunden waren. Gab es gute Kundenkontakte und einen wertschätzenden Umgang, machte es ihr keine Mühe, Projekte anzugehen und umzusetzen. Die Motivation nahm überall dort rapide ab, wo Konflikte zu befürchten waren oder Kunden ihr weniger aufgeschlossen gegenübertraten.

Jeder Mensch handelt zunächst in einer für sich positiven Absicht. Um einen Konflikt zu vermeiden und keine Ablehnung zu erfahren, vermied sie einfach den Kontakt zu den „schwierigeren" Kunden. Ein großer innerer Antrieb war dabei, es den anderen immer recht machen zu wollen – und da sie feststellte, dass es häufig Situationen gab, in denen sie die Ansprüche anderer nicht erfüllten konnte, befasste sie sich nur noch mit Kontakten, deren Erwartungen sie leicht erfüllen konnte. Dies führte jedoch dazu, dass sie sich zunehmend schwach fühlte und keine hohe Meinung von sich selbst als Unternehmerin mehr hatte. Das verstärkte ihre Antriebslosigkeit noch.

Im Beratungsprozess traf die junge Frau eine neue Wahl: Sie beschloss, Konflikten nicht länger aus dem Weg zu gehen und sich für ihre Ziele einzusetzen. Sie machte sich bewusst, dass sie es niemals allen würde recht machen können. Und sie war bereit, das Risiko einzugehen, auch Kunden zu verlieren, die ihr Produkt und ihre Art der Arbeitsweise nicht in Anspruch nehmen wollten. Indem sie sich zunehmend unabhängig machte von der Bewertung anderer, fand sie zu neuem Selbstbewusstsein, das sie dabei unterstützte, Konflikte einzugehen und auszuhalten.

Denken Sie „out of the box"

Ich habe im Anschluss an Beratungen schon gehört: „Dass ich mich durch diese Gedanken bisher selbst blockiert habe – darauf hätte ich ja auch selbst kommen können." Manchmal ist es ja auch möglich, sich selbst und den eigenen Mustern auf die Schliche zu kommen. Üblicherweise stehen wir uns aber selbst im Weg, da wir oft in bestimmten Automatismen denken und es schwer ist, diese selbst zu durchbrechen. „Thinking out of the box" ist zumeist besser möglich, wenn eine außenstehende Person, die nichts mit dem eigenen Denkmodell und den persönlichen Lebensumständen zu tun hat, ganz andere Fragen stellt und man auf diese Weise gemeinsam einen Perspektivwechsel initiiert.

Diese beiden Beispiele stehen stellvertretend für die vielen inneren Haltungen, die wir Menschen haben (können). Solange unsere Überzeugungen funktionieren und sie uns zu guten mitmenschlichen Kontakten, Lebensfreude und Erfolg führen, können wir sie gut und gerne beibehalten – sie funktionieren für uns. Deuten jedoch unsere Ergebnisse darauf hin, dass bestimmte Bereiche nicht gut funktionieren, dann macht es Sinn, eigene Haltungen zu überprüfen und gegebenenfalls über Bord zu werfen, um wieder zufrieden und erfolgreicher zu sein.

5 dysfunktionale innere Haltungen

Kann man pauschal sagen: Diese Überzeugungen funktionieren für Unternehmenserfolg – und diese nicht?!

Nein, so generell lässt sich das sicher nicht ausdrücken. Jedoch habe ich in meiner langjährigen Beratungspraxis viele Unternehmer kennengelernt und mit ihnen untersucht, welche Überzeugungen zu einer erfolgreichen Entwicklung beigetragen haben und welche ihnen eher hinderlich waren oder zu ungünstigen Ergebnissen führten.

Darum seien an dieser Stelle plakativ fünf Überzeugungen genannt, die für diese Unternehmerinnen und Unternehmer abträglich für Erfolg waren:

1. Ich bin der Chef – und kann es deshalb selbst am besten.
2. Kunden und Mitarbeiter sind anstrengend – und es ist lästig, immer wieder Ansprüche erfüllen zu müssen.
3. Ich bin wertvoll, wenn ich viel leiste.
4. Ich möchte gemocht und anerkannt werden.
5. Es ist mir egal, wie ich bei anderen ankomme – Hauptsache, es läuft, wie ich es sage.

5 funktionale innere Haltungen

Ebenso wenig kann man verallgemeinern und Ihnen raten: „Wenn Sie genau diese oder jene Einstellung haben, werden Sie automatisch erfolgreich sein." Auch hier müsste man untersuchen, was für diese Persönlichkeit funktioniert und was nicht.

Und doch gibt es Überzeugungen, die den Erfolg begünstigen können:

1. Ich bin der Chef – und biete einen vertrauensvollen Rahmen, in dem ich Mitarbeiter befähige und sie ihre Leistung gerne einbringen.
2. Herausforderungen sind eine Möglichkeit zur Weiterentwicklung – für mich und für mein Unternehmen.
3. Ich bringe gerne gute Ergebnisse – und muss nichts damit beweisen.
4. Ich freue mich über Anerkennung – und mache mich nicht abhängig davon.
5. Ich bin aufgeschlossen und empathisch gegenüber meinem Umfeld und nutze Feedback zur Selbstreflexion.

Fazit

Muss man seine inneren Überzeugungen ändern? Nein, wenn sie funktionieren, nicht! Wollen Sie jedoch andere Ergebnisse in Ihrem Leben, macht es Sinn, auch einen Blick unter die „Wasseroberfläche" zu werfen und bisherige Einstellungen zu hinterfragen. Häufig bieten sich nach einem Perspektivwechsel ganz neue Möglichkeiten! Ich wünsche Ihnen viel Erfolg!

© Orhidea Briegel

Peter Gericke

Studium der technischen Physik in Regensburg und München, danach über 30 Jahre Erfahrung als Niederlassungsleiter, internationaler Vertriebsleiter, Geschäftsführer und Vorstandsvorsitzenden in mittelständischen Unternehmen und in internationalen Konzernen.

Seit 2006 geschäftsführender Gesellschafter der Unternehmensberatung Gericke GmbH, mit den Schwerpunkten in kleineren und mittleren Unternehmen (KMU): Unternehmensnachfolge, Mergers & Acquisitions (M&A), Strategische Beratung, Leiter KMU-Fachgruppe Unternehmensnachfolge.

Besondere Erfahrung in den Bereichen Transport und Logistik, Maschinen- und Werkzeugbau, Kunststoffverarbeitende Industrie, Fahrzeugbau, Elektroindustrie und Mineralölindustrie.

www.gerickeonline.de

Nachfolge im Mittelstand – Führungsnachfolge in Familien- und mittelständischen Unternehmen

Fakten

Familienunternehmen nehmen in unserer heutigen Gesellschaft eine wichtige Schlüsselrolle ein. Über zwei Drittel der Erwerbstätigen arbeiten in diesen Unternehmen und erwirtschaften hier mehr als die Hälfte der Bruttowertschöpfung privater Firmen. Sie sind die Basis der wirtschaftlichen Innovation in unserer Gesellschaft.

Die Zahl der Unternehmen, die vor einem Generationswechsel stehen, einen Nachfolger suchen, steigt stetig, hierbei geht es um immens hohe Vermögenssummen und die Erhaltung Hunderttausender Arbeitsplätze.

Aufgrund fehlenden Gründergeistes der nachfolgenden Generation sowie deren großes Interesse, selbstbewusst den eigenen Weg zu beschreiten, ergibt sich eine alarmierende Statistik, in der nur geringfügig mehr als die Hälfte aller Firmen den Sprung in die zweite Generation schafft. Die Weiterführung des Unternehmens in der dritten und vierten Generation sieht noch erschreckender aus.

(Quelle: nach IFM Bonn, „Daten und Fakten Nr. 2018_V_124", Kay R., Suprinovic O., Schlömer-Laufen N., Rauch A.)

Die Herausforderung

Nur in Ausnahmefällen liegen die entscheidenden Faktoren für das Scheitern eines Generationswechsels in Familienunternehmen in den reinen Sachthemen, die bei einem Übergang zwangsläufig auftreten. Bereiche, die über den betriebswirtschaftlichen, steuerlichen und juristischen Gesichtspunkt hinausgehen, werden oft „stiefmütterlich" behandelt. Hier steht häufig die Sachthematik im Vordergrund, da wesentlich leichter zu erkennen und zu fassen. Eine Beraterkultur, die sich im Wesentlichen auf Expertenwissen stützt sowie ein großes Spektrum an qualifizierten Ratschlägen bereithält, steht hierfür zur Verfügung.

Dabei sind es nur allzu oft die menschlichen und psychologischen Ansätze, die mit hoher Wahrnehmungskompetenz und dem mehrdimensionalen Gesamtüberblick letztendlich zum Erfolg der Nachfolgeregelung beitragen und diesen entscheidend mittragen. Der beteiligte Mensch ist ausschlaggebend. Er ist es, der jeden Generationswechsel zu einem individuellen Prozess macht, seine Werte, die familiäre Beziehung, traditionelle Gegebenheiten sowie die Identifikation zu seinem Unternehmen.

In meiner täglichen Arbeit als Nachfolgeberater lerne ich immer wieder Unternehmer kennen, die mir von ihrer gescheiterten internen Übergabe berichten. Enttäuschte Hoffnungen, emotionale Wunden in der Familie und das Bewusstsein, eine gute Chance vertan zu haben, belasten die Unternehmer eine sehr lange Zeit.

Ein gesunder Menschenverstand alleine ist nicht ausreichend, diese hochkomplexe Dynamik, die bei vielen Generationswechseln im Familienunternehmen entsteht, richtig einzuordnen und zu analysieren. Jede Nachfolge ist ein einzigartiger Prozess. Das aktive und bewusste Herangehen unter Bezugnahme auf die individuellen Eigenheiten jedes familiär geleiteten Unternehmens vervielfacht die Chance, eine tragfähige und langfristige Nachfolgeregelung mit allen am Prozess beteiligten Personen zu gestalten.

Die Rolle des Beraters

Es liegt nahe, sich bei der Komplexität des Themas Nachfolge einen professionellen Berater mit Erfahrung im Nachfolgeprozess zu suchen. Dies entbindet den Unternehmer allerdings nicht, sich bestenfalls drei bis fünf

Jahre vor dem Übergang intensiv mit der Thematik zu befassen und idealerweise unter Einbindung des Nachfolgeberaters sinnvolle Strategien und Lösungen für das Unternehmen zu erarbeiten.

Dies ist absolute Teamarbeit mit klar definierten Rollen. Die Beteiligten sind Gestalter, die auf vertrauensvollem Nährboden wesentliche Inhalte und Informationen zu einer Grundlage für eine dauerhafte und tragfähige Lösung im Sinne aller verschmelzen müssen. Und hier setzt die Aufgabe eines guten Beraters an, er muss dafür sorgen, die entsprechenden Inhalte, Wünsche, Vorstellungen und wesentlichen Positionen für eine Nachfolgeregelung herauszuarbeiten und so miteinander zu verknüpfen, dass die Chance auf eine tragfähige Lösung deutlich erhöht wird. Hierbei gilt es im Besonderen auf die einzelnen zu verschmelzenden Firmenkulturen Rücksicht zu nehmen.

Die Aufgaben eines guten Beraters:

- Keine klaren Antworten – sondern das Stellen der richtigen Fragen.
- Keine Prüfung der Korrektheit – sondern Herstellung der Stimmigkeit.
- Kein Aufzeigen von Lösungen – sondern Schaffung eines Rahmens, in dem die Beteiligten selbst Lösungen erarbeiten können.

Der bestmögliche Nachfolger

Wenn der Unternehmer den Fortbestand seiner Firma wünscht, sind die Suche nach und die Entscheidung für den bestmöglichen Nachfolger existenziell. Immer parallel hierzu stellt sich die Frage: Sollte an den Sohn oder die Tochter übergeben werden oder wäre es für die Weiterführung des Unternehmens ein besserer Schachzug, jemanden einzubeziehen, der nicht in die Familie gehört? Selbstverständlich sagen die meisten Unternehmer, mein Sohn/meine Tochter ist die beste Option. Eine traumhafte Möglichkeit, wenn es denn wirklich die beste Lösung für das Unternehmen ist. Gefühle sind allerdings immer schneller als die Vernunft. Eine Definition grundlegender Voraussetzungen, die ein künftiger Unternehmer mitbringen und erfüllen muss, lässt sich genau erstellen. Deshalb ist es anzuraten, an dieser Stelle einen unverbauten Blick von außerhalb auf den Prozess zu haben, damit keine Kompromisse geschlossen werden.

Es ist wie beim Sport. Oftmals muss der bestmögliche Nachfolger noch etwas trainiert werden. Der Blick des Unternehmers aufs Ganze muss noch verinnerlicht werden. Manchmal genügt es auch, dem Champion nur eine faire Chance im Alltag zu gewähren. Dazu braucht es die Strukturierung eines Beraters von außen.

Unabhängig davon, ob der Nachfolger aus der Familie kommt oder nicht, zeigt sich im Rückblick bei größeren Familienunternehmen, die den Generationswechsel erfolgreich abgeschlossen haben, dass die Entscheidung für **den besten** Nachfolger ein wichtiger Erfolgsgarant war.

Die folgenden Gesichtspunkte helfen bei der erfolgreichen Suche nach einem Nachfolger:

Der Nutzen von vergleichenden Eignungsverfahren /Best-Practice-Modellen

Zur wichtigsten Qualität erfolgreicher Führungskräfte zählen Belastbarkeit, Durchsetzungskraft, soziale Kompetenz, Eigeninitiative und Entschlusskraft sowie Selbstvertrauen und Flexibilität. Ihr persönliches Verhalten zeichnet sich durch besondere Souveränität in beobachtbaren Merkmalen aus und sie verfügen über überzeugende Fachkompetenz.

Speziell erarbeitete Vergleichsprofile erleichtern es, die Potenziale und Stärken des Nachfolgers zu identifizieren. Sinn und Zweck der Eignungsdiagnostik ist es, gezielte Informationen über seine Persönlichkeit, die Führungsstärke und sein Selbstmanagement zu erhalten, um das Weiterentwicklungspotenzial im Sinne einer angestrebten Unternehmerrolle oder Geschäftsführerposition zu erkennen.

Diese individuellen Analysen können z. B. mit einem existierenden Normprofil von Topmanagern verglichen werden. Zur qualifizierten und objektivierten Auswahl eines bestmöglichen Nachfolgers können diese Ergebnisse einen wertvollen Beitrag leisten.

Mögliche Nachfolger

1. der geborene Nachfolger

Hier geht es um die Prozessqualität in der familiären Nachfolge und eventuell um die Qualifizierung des Nachfolgers wie z. B. im Sinne von „Welche Kompetenzen sind vorhanden, welche müssen noch erworben werden". Denn ein bedeutender Schritt der Profilierung und Qualifizierung des Nachfolgers ist, einen fundierten Nachfolgeprozess zu zeichnen und diesen konsequent und professionell zu verfolgen. Dies ist vielleicht seine erste und auch sehr wichtige Managementaufgabe.

Bei der internen Nachfolge eines Maschinenbauers sprach mich der Juniorchef an: „Jetzt drehe ich die fünfte Schleife mit dem Senior und komme nicht weiter." Manches Mal braucht es auch eine vertrauliche Vermittlung. Ein Gespräch zwischen dem Senior und mir als Berater über das Loslassen und die Aufstellung definierter Aufgaben hat einen Ausweg aus der Schleife gebracht.

Ein gründlich geplanter Prozessablauf, der von den Beteiligten konstruktiv mitgestaltet und getragen wurde, ist das A und O für versiertes und sicheres Handeln des „neuen Chefs". Es versetzt ihn in die Situation, gestärkt und mit dem nötigen Wissen versehen in seine Aufgabe hineinzuwachsen, da er bei der Erarbeitung involviert war und sich bereits die ersten Sporen verdienen konnte. Er hat gelernt, mit komplexen Situationen umzugehen und gleichzeitig sehr emotionale Vorgänge zu meistern. Außerdem hat er gezeigt, wie wichtig eine gute Balance im Umgang mit Gefühl und Sache, Unternehmen und Familie ist.

2. der oder die leitenden Mitarbeiter (Management-Buy-out)

Wenn kein Familiennachwuchs vorhanden ist oder die Kinder andere Wege gehen wollen, bietet sich eventuell die Unternehmensübertragung an einen oder mehrere Mitarbeiter der Firma an, die schon seit Längerem mehr Verantwortung tragen. Zu hinterfragen ist hierbei allerdings, ob deren finanzieller Hintergrund mit der Wertevorstellung des Unternehmens in Einklang zu bringen ist. Hier gibt es unterschiedlichste Möglichkeiten der Kaufpreiszahlung, angefangen von einmaliger und sofortiger bis hin zur Tranchenzahlung oder einem Verkäuferdarlehen. Um unnötige Risiken zu vermeiden, sollte auch hier ein erfahrener Berater sein Wissen einbringen. In der Praxis kann der Unternehmer um die verdienten Früchte seiner Arbeit gebracht werden, wenn z. B. eine gut gemeinte Ratenzahlung des Kaufpreises aufgrund einer Schieflage des Unternehmens nicht mehr möglich ist. Häufig dient der Kaufpreis zum Unterhalt des Lebensabends, hier wäre dies besonders tragisch.

Praxisbeispiele zeigen, dass das frühzeitige Einschalten eines externen Beraters und eine intensive Betreuung und Beratung von Unternehmer und

Nachfolger solche Risiken ausschließen und minimieren und zu einem erfolgreichen Unternehmensübergang führen können. Zu denken ist hier neben der Eignung des oder der Nachfolger insbesondere auch an Finanzierungsthemen und Vertragsgestaltungen.

3. der externe Nachfolger (Management-Buy-in)

Mit großer Sorgfalt muss bei der externen Suche nach einem geeigneten Nachfolger vorgegangen werden, wenn keine interne Lösung gefunden werden kann. Hier ist – was gemeinhin gerne übersehen wird – neben all den anderen Faktoren besonders zu prüfen, ob die Firmenkultur mit der Kultur des Erwerbers zusammenpasst. Auch hier ist dringend anzuraten, einen Berater hinzuzuziehen. Zeigt ein externer Unternehmer oder Geschäftsführer Interesse, die Unternehmensanteile bis zu 100 % zu erwerben, so ist auch die Zusammenarbeit zwischen Erwerber und Unternehmer in einer Übergangsphase zu regeln. Hier geht es neben den menschlichen Aspekten um das enorm wichtige Thema der Finanzierung und der Vertragsgestaltung. Ein Erwerber sollte über ausreichend Eigenkapital verfügen, um das Unternehmen nicht mit hohen Schulden zu belasten. Wenn nötig, nimmt der Berater auch Kontakt zu einem Investor auf, der die Firmenübernahme finanziert. Auch diesen Ablauf begleitet ein kundiger Berater fachgerecht und versiert.

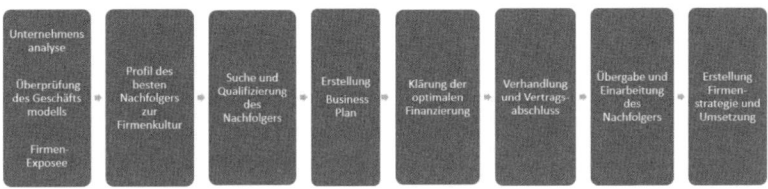

Ein schriftliches Übergabekonzept, in dem die Vorgehensweise für die entsprechenden Phasen anschaulich dokumentiert wird, ist sinnvoll.

(Quelle: Peter Gericke, Übergabeprozess, 2018)

Der Firmenumbau

Der zukunftsorientierte Firmenumbau ist eine Variante, die immer in der Strategie geprüft und von einem fachkundigen und erfahrenen Unternehmensberater begleitet werden sollte, da die beiden im Folgenden dargestellten möglichen Varianten sehr viel Aufwand darstellen und mit großem Fingerspitzengefühl betreut werden müssen.

Ein Unternehmer vertraute mir im Nachfolgegespräch an, dass er aus dem operativen Geschäft aussteigen möchte, aber Ruhestand keine Option für ihn sei. Dies war der Beginn eines langjährigen Firmenumbaus. Heute ist der Unternehmer Beiratsvorsitzender, hat seine früheren Geschäftsführer am Unternehmen beteiligt, ist sehr erfolgreich und zufrieden im „Nicht"-Ruhestand.

Firmenumwandlung in eine Aktiengesellschaft

Es bietet sich immer dann eine Umwandlung in oder die Gründung einer Aktiengesellschaft an, wenn die Absicht besteht, z. B. eine Mitarbeiterbeteiligung anzustreben. Meist bleibt der Unternehmer hierbei Mehrheitsaktionär und gibt die Unternehmensleitung an die Vorstandschaft ab oder geht optional an die Börse. Häufig übernimmt der Mehrheitsgesellschafter dann den Vorsitz im Aufsichtsrat. Nötigenfalls wird auch die Unternehmensführung erweitert bzw. ein neuer Vorstand gesucht.

Gründung einer Stiftung

Nicht nur aus steuerlichen Aspekten heraus sollte geprüft werden, ob eine Stiftung gegründet werden sollte. Auch der Stiftungszweck sowie die Stiftungsart (gemeinnützig oder allgemein) sollte in die Überlegungen einfließen und hinterfragt werden. Außerdem gehen mit der Gründung einer Stiftung nicht unerhebliche Aufwendungen einher, sodass dies ebenfalls Berücksichtigung finden muss. Für gewöhnlich bringt der Eigentümer das Unternehmen in die Stiftung ein und lenkt diese selbst. Wenn er sich jedoch zurückziehen möchte, besteht die Möglichkeit, über den Stiftungsrat die Geschäftsführung zu kontrollieren. Auch in diesem Fall gilt es, eine gut geeignete Geschäftsführung bereits beizeiten zu etablieren.

Der Unternehmensverkauf

Immer mehr Bedeutung gewinnt der Anteilsverkauf (share deal) einer Gesellschaft oder der Unternehmensverkauf (asset deal). Ist gemeinsam geprüft, welchen Verkauf (share oder asset deal) der Unternehmer bevorzugt, sieht man sich zwei Hauptgruppen von Käufern gegenüber:

- **strategischen Käufern**, also Unternehmen, die ihre Produktlinie vertikal oder horizontal erweitern möchten, im Regelfall Kundenbeziehungen oder Technologie hinzukaufen und manches Mal auch zu den Wettbewerbern des Verkäufers zählen, oder
- **Finanzinvestoren**, meist Vermögensverwaltungen oder private Beteiligungsfirmen, die entweder bereits ein Firmenportfolio besitzen und erweitern oder zukaufen wollen. Je nach Beteiligungsunternehmen ist der Fokus auf die Branche des Zielunternehmens unterschiedlich.

Meist haben sowohl strategische Käufer als auch Finanzinvestoren professionelle Berater an Ihrer Seite. Umso wichtiger ist es, dass auch Sie in keinem Fall auf die Unterstützung eines versierten Beraters verzichten.

Der Ablauf eines Unternehmensverkaufs könnte folgendermaßen skizziert werden:

Verkaufsstrategie-Workshop: Am Anfang des Unternehmensverkaufsprozesses steht ein Strategie-Workshop. Zusammen mit dem Unternehmer, evtl. auch seinem Steuer- oder Wirtschaftsberater, werden die Marktposition, Stärken und Schwächen des Unternehmens, die Produktlinie, ein Ausblick auf die nähere Zukunft sowie die optimale Struktur des Unternehmensverkaufs besprochen. Die hier erarbeiteten Daten und Fakten fließen maßgeblich in den Verkaufsprozess ein und dienen als Leitlinie für die weitere Begleitung.

Erstellung von Verkaufsunterlagen: Die im Workshop herausgearbeiteten Erkenntnisse dienen als Basis für ein vom Berater erstelltes umfangreiches Exposé des Unternehmens, das dem Kaufinteressenten ein komplettes Bild der Firma zeigt. Nicht nur die operativen Leistungen, sondern auch die betriebswirtschaftlich wichtigen Eckdaten der Vergangenheit, der Ist-Situation und der Zukunftsplanung werden darin dargestellt. Das Exposé ist eine aussagekräftige Werbebroschüre des Unternehmensverkaufs, ihm kommt daher eine hohe Bedeutung zu.

Verkaufsprozess:

- Erstellung einer Kaufinteressentenliste – Ansprache der Kaufinteressenten
- Präsentation des zu verkaufenden Unternehmens
- Kennenlernen des Unternehmers
- Unternehmensbesichtigung
- Abgabe eines indikativen Kaufangebotes vom Kaufinteressenten
- Verhandlung der Konditionen
- Vereinbarung einer Absichtserklärung
- Unternehmensprüfung durch den Käufer
- Verhandlung und Unterzeichnung des Kaufvertrages

Firmenkulturen

Regelmäßig erlebe ich im Alltag des Unternehmensverkaufs, dass Käufer alle Themen der Unternehmensprüfung (Due Diligence) mit entsprechenden Fachleuten professionell durchleuchten. Auf meine Frage „Prüfen Sie, ob die Firmenkulturen zusammenpassen?" antwortet üblicherweise der Käufer: „Ja, da schauen wir uns die Leute schon an, da wird genau geprüft." 50 % der Gründe, weshalb Firmenübernahmen scheitern, liegen in den unterschiedlichen Kulturen der Unternehmen. Ich muss die eigene Firmenkultur kennen, die Kultur der zu übernehmenden Firma erfahren und den Aufwand betreiben, beide Kulturen aufeinander abzustimmen. Für diesen Aufwand bekomme ich eine erfolgreiche Firmenübernahme! Nur die Führungskräfte zu interviewen (dies geschieht üblicherweise heute in der Due Diligence), reicht nicht aus.

© privat

Rudolf Haberl

Rudolf A. Haberl studierte am Institut für Management in Salzburg Betriebswirtschaft mit dem Schwerpunkt Personalmanagement und ist seit 2008 als Berater und Coach in mittelständischen und kleinen Unternehmen tätig. Zuvor sammelte er in fast 30 Jahren Erfahrung im Management und im Führungsumfeld. Schließlich absolvierte er eine Ausbildung zum diplomierten systemischen Berater & Coach CTAS.

Rudolf A. Haberl ist Mitglied im DVCT e.V. und zertifizierter Prozessberater unternehmenswert: Mensch und autorisierter Berater der Offensive Mittelstand. Seine Erfahrungen im Führungs- und Personalmanagement ergänzte er seit zehn Jahren als zertifizierter Berater in SAP HCM.

Zu seinem Portfolio gehören neben Beratungen auch Seminare und Schulungen und er führt Coachings für Mitarbeiter und Führungskräfte durch.

www.haberl-consulting.de

Die Macht des Coachings für Führungskräfte

Aus vielen Erfahrungen kann ich sagen, dass es zweierlei Führungskräfte und Unternehmer gibt: Die einen beeinflussen durch ihre Bereitschaft, Coaching in Anspruch zu nehmen, sich selbst, ihre Mitarbeiter und ihr Umfeld positiv, die anderen lehnen Coaching in jeglicher Form rigoros ab. Oft ist die Ablehnung dieser Unterstützung von außen jedoch der sicherste Weg, entweder an Stress, schlimmstenfalls durch einen Burn-out oder einen „programmierten" unternehmerischen Misserfolg und Konkurs zu scheitern.

Warum „programmierter" Misserfolg? Das lässt sich ganz einfach erläutern: Es ist oftmals der feste Glaube an sich selbst, als Führungskraft oder Unternehmer „unfehlbar" zu sein. Andere Meinungen gelten nicht oder werden ignoriert, weil man als „Chef" Vorbild sein muss und damit keinerlei Schwächen zeigen darf – man selbst es auch gar nicht zulässt. In gewisser Weise ist dieses Eigenverständnis ein „beschönigendes Denken", das die Umwelt und die damit zusammenhängenden Ereignisse und Prozesse in ihrem Gang beeinflusst.

Genau an diesem Punkt können die Selbstreflexion und die Selbstbetrachtung einen großen Raum einnehmen und von außen unterstützt werden. Nachfolgend einige Beispiele für die externe Unterstützung (Migge, 2005):

- Klärung der Führungsrolle und der Führungskompetenz
- Begleitung bei Entscheidungsprozessen und Zieldefinitionen
- Optimierung der Selbstwahrnehmung und des Selbstbildnisses
- Begleitung von Veränderungen und Problemsituationen

Die Offenheit für ein begleitendes Coaching ist vielfach im Unterbewussten blockiert und durch frühere Erfahrungen und Blockaden beeinträchtigt. Die Selbstwahrnehmung ist nicht selten verzerrt oder gehemmt. Dabei ist und bleibt der Coach Begleiter und Unterstützer.

Eine Führungskraft sollte sich jedoch über ihre eigene Rolle im Klaren sein. Hier kommt es natürlich darauf an, aus welcher Führungsperspektive diese Betrachtung erfolgt. Aus Sicht des Unternehmers werden andere Schwerpunkte gesetzt werden als bei einer Führungskraft der mittleren Hierarchiestufe. Jedoch eines ist unverzichtbar: Fragen nach Agilität,

Gestaltungsformen, Change-Kompetenzen und Führungsstrategien sind zu klären, Chancen und Risiken zu analysieren und konstruktive Vorgehensweisen zu eruieren. Nachfolgende Grafik gibt einen Ausschnitt der Rollen von Führungskräften wieder.

Abb. 1: Rollenverständnis (eigene Darstellung, modifiziert nach MIT und Machwürth-Team, Brammer, 2018)

Gute Führung kommt nicht von allein

Gute Führung kommt durch hartes Erarbeiten und Erfahrung zustande. Es ist ein Trugschluss, wenn jemand glaubt, durch ein Seminar eine gute Führungskraft zu werden. Der Weg zum Ziel ist lang und stetig. Dazu benötigt man Fleiß, Energie, Mut und auch theoretisches Führungswissen, genauso wie entsprechende soziale Kompetenzen und Empathie. Meine Erfahrung zeigt deutlich, dass dieses alles nicht ausreicht und ein persönliches Coaching, einerseits als Unterstützung und andererseits als Selbstreflexion, auf dem Weg zum Ziel vonnöten ist.

Dazu möchte ich gerne ein praxisbezogenes Beispiel dafür anführen, wie vielfältig die Unterstützung durch einen externen Berater und Coach sein kann.

Eine junge Führungskraft, nennen wir sie Elena Bayer, wurde vom Unternehmer für die Leitung eines Teams auserkoren, weil sie die besten Ergebnisse vorweisen konnte und zielstrebig Projekte abarbeitete. Frau Bayer besaß fachliche hohe Kompetenz und gute theoretische Qualifikationen durch ihr Studium, allerdings kein Führungs-Know-how. Nach bereits kurzer Zeit stellte sie fest, dass die zwölf Mitarbeiter des Teams alle selbstständig ihre Arbeit verrichteten, jedoch nach unterschiedlichen Gesichtspunkten. Jeder machte das, was er „schon immer" gemacht hatte. Es gab unterschiedliche Vorstellungen von Prozessen und Abläufen und dazu kamen diverse Konflikte untereinander. Tatsächlich gab es keine Organisationsstruktur, keine klaren Vorgaben, keine klar definierten Aufgaben, um es kurz zu sagen: keine Prozesse und keine Führung. Der Unternehmer selbst hatte gute Kontakte zu Auftraggebern und sorgte für genügend Aufträge. Relativ schnell war die junge Führungskraft – trotz gutem theoretischem Wissen – überlastet, was schließlich zu einer völligen stressbedingten Überforderung führte. Denn vieles erledigte Frau Bayer zwangsläufig „selbst".

Durch ein begleitendes Coaching gelang es, diese junge Führungskraft systematisch aufzubauen. Mit Unterstützung des Coaches erarbeitete sie die Abläufe und Strukturen selbstständig und wurde sukzessive sicherer und stärkte damit nicht nur ihre individuelle Führungskompetenz, sondern verdiente sich auch die Anerkennung des Teams und stärkte ihre eigene Gesundheit. Inzwischen hat sich Frau Bayer zur Vertretung des Unternehmers qualifiziert und die Organisation sowie die Prozesse sehr gut strukturiert. Die Teamerfolge sind optimiert und die Arbeit läuft nachhaltig gut.

Hilfe in Konfliktsituationen

Ich möchte noch auf ein weiteres Segment hinweisen, das mir im Rahmen von Coachings immer wieder begegnet: Führungskräfte stehen sehr oft im Problemfeld zwischen mehreren Hierarchieebenen, zwischen Chefs und Mitarbeitern, und damit kommt es häufiger zu Störungen und Konflikten.

Dabei geht es nicht selten um bereits bestehende Konflikte, aber ebenso auch um die Vermeidung von Konflikten im Vorfeld. Wie schon aus dem vorherigen Beispiel zu sehen ist, ist in Firmen durch nicht vorhandene Strukturen und Abläufe sehr viel Konfliktpotenzial vorhanden. In obigen Fall hat das Führungskräfte-Coaching zur Verminderung und zur Vermeidung von Konflikten beigetragen: durch Strukturen, klare Kommunikation, klare Zielsetzungen und klare Führungsmechanismen wie Ziele und Mitarbeitergespräche. Gerade in solchen Situationen hat eine konstruktive und emphatische Kommunikation eine klärende und konfliktvermeidende Wirkung. Man spricht hier auch von „dysfunktionaler Konfliktvermeidung".

Ich möchte nochmal das Beispiel aufgreifen und daran die Lösung von Konflikten erläutern:

Als Elena Bayer ins Team kam, waren die Spannungen dort geradezu „spürbar". Es brauchte nicht viel, um Konflikte vielfältiger Art auszulösen. Teils hatten sich die Teammitglieder bereits eigene Strategien für die unterschiedlichen Konfliktsituationen bereitgelegt: Diese reichten über verbale Angriffe von Kollegen und Führungskraft, der bewussten Verzögerung von Aufgaben und Prozessen bis hin zur „Flucht" durch einen hohen Krankenstand.

Die Einführung von konstruktiven, sehr schnell implizierten Mitarbeitergesprächen und in der Folge umgesetzten klaren Prozesse und Strukturen hat sehr viel Konfliktpotenzial entschärft. Dabei waren kommunikative Mittel wie das aktive Zuhören, direkte, strategische und reflektive Fragen (Hoffmeister, 2017) und Elemente aus der Transaktionsanalyse („Ich bin okay – du bist okay") entscheidende Hilfselemente der Gesprächsführung.

In solchen Fällen gilt es, die Persönlichkeit einer Führungskraft in ihrer Beziehung zur Außenwelt zu unterstützen. Jede Person trägt eine eigene Wirklichkeit in sich. Sie wird konstruiert und im allgemeinen Umfeld unbewusst angepasst oder führt zu unbewussten Reaktionen. Daraus können sich Bilder, Überzeugungen, Erfahrungen und Handlungsweisen ergeben, die die reale Welt beeinflussen. Das Erlebte kann für eine Führungskraft zur eigenen Realität umgeformt und angepasst werden, die Einflüsse auf deren Verhalten haben. Unbewusste Prozesse können ablaufen und zu kognitiven Verzerrungen führen. Dabei können diverse Zustände erreicht werden, die die eigene Wahrnehmung einer Führungskraft verändern und beeinflussen können. Manche offensichtlichen Beispiele dafür sind z.B. (Migge, 2005):

- Verdrängung: Bestimmte Verhaltensformen werden umgangen, unerwünschte Bilder oder Prozesse ausgeblendet – sie passen nicht in das jeweilige Schema.
- Sozioemotionale Isolierung: In entsprechenden Situationen werden beängstigende Erfahrungen (wenn z. B. kritische Gespräche anstehen, usw.) isoliert und ausgeblendet.

Es lässt sich also konstatieren, dass für die Führungspersönlichkeit eine ausgeprägte Persönlichkeits- und Handlungskompetenz unabdingbar ist. Ausgangspunkte dazu sind Selbstreflexion und der „Mut", sich selbst intensiv zu begegnen und sich zu reflektieren.

Hier bedeutet Coaching im eigentlichen Sinn „Hilfe zur Selbsthilfe". Da ein Coach weder Therapeut noch Prozessgestalter ist, kann man in diesen Fällen von einer Expertenberatung und -unterstützung sprechen, in deren Verlauf die Führungskraft ihre eigenen Ideen und Stärken entwickelt und umsetzt. Der Coach bleibt Begleiter.

Für jeden Verantwortlichen eines Unternehmens, egal ob als Unternehmer selbst oder als Führungskraft, bietet ein systemorientiertes Coaching als „Hilfe zur Selbsthilfe" und Beratung eine konstruktive Möglichkeit, ihre Führungskompetenz zu verbessern und damit auch den Erfolg des Unternehmens positiv zu beeinflussen.

Wesentlich ist dabei, dass die Führungskraft die innere Bereitschaft zum Coaching mitbringt und sich auf diese Erfahrung einlässt. Dabei sind eine absolute Vertrauensbasis und eine absolute Diskretion selbstverständlich und Grundvoraussetzungen.

Die Systematik des Coachings

Es gibt vielerlei Möglichkeiten des Coachings. Aus eigener Erfahrung mit mehreren Führungspersonen kann ich jedoch folgende Systematik als erfolgreiche Vorgehensweise weitergeben: Führungskräfte und auch Mitarbeiter sollten zielorientiert arbeiten. Wer kennt dabei nicht die Zielregel SMART? Ziele müssen klar, realistisch, anpassbar oder anspruchsvoll, messbar und terminiert sein. Wie sieht es aber mit dem Ziel hinter dem Ziel aus? Wie ist dieses Ziel erreichbar? Wie reagiert mein Gegenüber? Welche Auswirkungen hat das Ziel? Welche Prozesse ergeben sich daraus? Welche Probleme entstehen daraus? Welche Konflikte wirken? Diese Auflistung könnte man sicher noch weiter fortsetzen und womöglich führt es dann dazu, dass Ziele verloren gehen, umformuliert werden oder womöglich gar nicht mehr erreicht werden.

Ein Modell geht davon aus, dass Menschen bei genauerer Betrachtung nicht immer und überall zielorientiert sind, sondern vielmehr versuchen, bestimmte „Werte" zu erreichen. Viele Führungskräfte versuchen, die Anerkennung durch ihre Mitarbeiter zu erreichen, indem sie Originalität als ihr Führungsmotto wählen oder vielleicht auch nur durch Offenheit oder Mut, etwas umzusetzen. Sie scheitern häufig, weil sie in ihrer eigenen Struktur gefangen sind. Wer gibt schon gerne Schwächen zu.

Ich will dabei das Beispiel „Mut" aufnehmen: Eine männliche Führungskraft im mittleren Management hatte keinen Mut, dem Vorgesetzen zu sagen, dass seine Anweisung in die „falsche Richtung" geht – aus Angst, seine Position zu verlieren. Dies hatte Auswirkung auf seine Motivation, auf seine Arbeitsweise, auf seine Gesundheit und leider letztendlich auf seine Familie. Durch ein rechtzeitiges Coaching, das ihm seine Partnerin empfohlen hatte, konnte er sich selbst neu orientieren, seine Persönlichkeit verändern und den Mut bekommen, entsprechend zu agieren und sich dem Vorgesetzten gegenüber frei zu äußern. So konnte er dem Unternehmen sogar wichtige Aufträge „retten", wie ihm der dankbare Vorgesetzte zu einem späteren Zeitpunkt sagte.

Die entscheidenden Fragen sind, was bzw. welcher eigene Wert dahintersteckt bzw. was uns in der jeweiligen Situation besonders wichtig ist, welche Ziele damit erreicht werden können und welche Probleme dabei auftreten.

Wirkfaktoren des Coachings

Den Blick immer auf die wesentlichen Dinge zu richten, scheint selbst erfahrenen Führungskräften sehr schwerzufallen. Zumindest erkennen auch diese Wesentliches nicht sofort, haben einen „blinden Fleck" in ihrer Wahrnehmung. Richten wir insbesondere das Augenmerk auf die Problemerkennung: Wenn das Problem in einer Situation nicht erkannt wird, entweder nach außen verdrängt oder bewusst nicht wahrgenommen werden will, wird das Ziel nur schwer erreichbar sein. Führungskräfte neigen dann dazu, und das habe ich selbst gerade in mittelständischen Unternehmen häufig erlebt, den Führungsstil in direktiv oder autoritär zu wechseln. Und das führt bei Mitarbeitern zu wenig Verständnis, Frust, Demotivation und manchmal sogar zur Kündigung.

Coaching kann hier eine sehr positive Wirkung entfalten, wie Forschungsergebnisse in Metaanalysen belegen. Entscheidend sind die Wirkfaktoren des Coachings, also das, was durch den Begleitungsprozess wirklich eine Wirkung erzielt. Eine Definition für die Wirkfaktoren: „Ein Wirkfaktor ist ein Kriterium, das zum Erfolg eines Coachings beiträgt. Erfolgreich ist ein Coaching dann, wenn die vereinbarten Ziele oder andere, im Rahmen einer Evaluation als positiv definierte Ergebnisse erreicht werden." (Lindart, 2017)

Wenn die Wirksamkeit, also zielgerichtet positive Ergebnisse, erreicht werden soll, kann das durch ein Zusammenwirken von definierten Werten, genau dazu passenden Zielen und die damit in Zusammenhang stehenden Problemfeldern gelöst werden.

Der wesentliche Punkt dabei ist die „Außenbetrachtung", die ein Coach mitbringt. Wenn ich auf das vorgenannte Beispiel „Mut" zurückkomme, konnte hier die positive Wirkung erzielt werden, weil die Führungskraft mithilfe der Coaching-Unterstützung gezielt auf die Wechselwirkungen hingearbeitet hat.

Nachfolgendes Schaubild soll einen möglichen internen Prozess des Coachings abbilden:

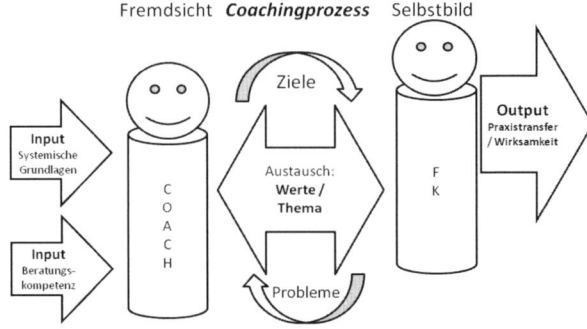

Abb. 2: Coachingprozess (eigene Darstellung)

Als Fazit lässt sich sagen, dass eine intensive Reflexion und Begleitung Führungskräften zu mehr eigener Kompetenz verhilft, ihre Anerkennung bei Mitarbeitern stärkt und dabei zur Verbesserung des Unternehmenserfolges beitragen kann. Entscheidend dafür ist der absolute Wille, sich selbst stets verbessern zu wollen. Coaching kann vieles bewegen und vor allem zur positiven Beziehung zwischen Mitarbeiter und Führungskraft beitragen, denn:

- Die Ziele sind klar erkennbar für den Mitarbeiter.
- Die Prozesse sind klarer und strukturierter, es erwächst eine Vertrauenskultur und damit ein Instrument der Mitarbeiterbindung.
- Die Selbstverantwortung von Mitarbeitern wird gefördert, damit auch das Fach-Know-how und die Motivation.

Dabei bleibt auch immer das Ziel im Fokus, aber auf einer Ebene der Wertefindung, die oftmals aufgrund Verdrängung oder verzerrten Darstellungen verloren gegangen ist. Die hinter den Zielebenen liegenden Werte haben eine Ausstrahlung auf Problemfelder und Wirksamkeit. Nur wenn diese erkannt werden, ist effiziente Führung möglich und entfaltet die Wirkung, die erzielt werden will: Erfolg des Unternehmens, handlungsorientierte und motivierte Mitarbeiter und zugleich eine werteorientierte Kultur im Unternehmen. So lässt sich auch Mitarbeiterbindung optimal bewerkstelligen, weil das Zusammenwirken von guter Führung und zufriedenen Mitarbeitern eine hohe Wirkung im Zusammenhalt entfaltet.

Aber eines ist unabdingbar: Der absolute innere Wille einer Führungskraft, sich auch coachen lassen zu wollen – das ist wirkliche Stärke!

Quellenangaben:
Brammer, Gudula: Durchstarten in der neuen Führungsposition. In: wirtschaft+weiterbildung, Heft 10_18, S. 47
Hoffmeister, Christian: Konfliktprävention im Führungskräftecoaching. In: Coaching Magazin, Ausgabe 1/2017, S. 27-31
Lindart, Marc, Dr.: Den Blick auf die wirksamen Dinge richten. In: Coaching Magazin, Ausgabe 1/2017, S. 49-50
Migge, Björn: Handbuch Coaching und Beratung. 3. Auflage. Beltz Verlag 2005, S.41-43, 304-306

© Beate Armbruster

Thomas Issler

Thomas Issler ist seit dem Jahr 2000 erfolgreicher Internet-Unternehmer. Als Fachinformatiker für Systemintegration kennt er die Technik und die Betriebswirtschaft. Seine Liebe jedoch gilt dem Online-Marketing. Seit Jahren gehört er zu den anerkanntesten Experten im deutschsprachigen Raum.

Wie man eine kleine Internet-Agentur zu einem etablierten Unternehmen entwickelt, zeigte er mit dem Aufbau seiner Agentur 0711-Netz, die Büros in Stuttgart und München unterhält. Seitdem wurden viele Websites für Firmenkunden erstellt und Online-Marketing-Maßnahmen umgesetzt. Das Premium-Produkt und Basis für den Erfolg im Internet ist die von ihm entwickelte Internet-Erfolgsstrategie, die gemeinsam mit dem Kunden auf den jeweiligen Betrieb maßgeschneidert wird.

Die reichhaltigen Praxiserfahrungen wurden zu einem eigenen effizienten Schulungskonzept im Internet-Marketing-College gebündelt. Angeboten werden Seminare, Webinare sowie Einzelcoaching. Thomas Issler hält Vorträge bei Firmen und Verbänden. Er ist Mitglied in der GSA, der German Speakers Association, der wichtigsten Plattform für deutschsprachige Trainer, Referenten und Coaches. Zusätzlich wurde er als Top 100 Trainer bei Speakers Excellence aufgenommen. Als Buchautor hat er 2014 „Der Internet-Marketing-Plan für Handwerksunternehmen" veröffentlicht. Zusätzlich stehen die 5-CD-Box „Der Internet-Marketing-Werkzeugkasten für Handwerk und KMU", der DVD-Kurs „Lukrative Kunden und loyale Mitarbeiter anziehen und begeistern" sowie weitere digitale Produkte, die es alle auch zum Download gibt, in seinem Portfolio.

www.0711-netz.de

www.internet-marketing-college.de

www.thomas-issler.com

Wie Sie automatisiert Wunschkunden und Wunschmitarbeiter finden ... und dabei noch Zeit sparen!

In kleinen und mittleren Unternehmen sowie im Mittelstand wird zunehmend sichtbar, was einer erfolgreichen Unternehmensentwicklung zukünftig im Weg stehen wird: Es ist der Faktor Zeit und die damit verbundene Möglichkeit, sich ausgiebig mit den drängendsten Zukunfts-Herausforderungen in angemessener Weise zu befassen.

Bei dieser Entwicklung kommt dem Marketing eine immer wichtigere Bedeutung zu, sowohl im Hinblick auf die Kundengewinnung als auch bei der Gewinnung ausreichend qualifizierter Mitarbeiter. Letzteres wird immer mehr zum Engpass in vielen Unternehmen.

Nicht nur im Handwerk, auch im produzierenden Gewerbe und anderswo ist der Wettbewerb um den Nachwuchs, aber auch um ausgebildete Mitarbeiter, in vollem Gange. Angebot und Nachfrage sorgen dafür, dass Unternehmen einiges in die Waagschale werfen müssen, um ihre Aufträge in Zukunft noch qualitativ hochwertig und rechtzeitig abzuarbeiten.

Auch bei der Kundengewinnung kommt es in Zukunft darauf an, die richtigen Kunden zu gewinnen und im Vorfeld schon die richtigen, zum Unternehmensangebot passenden Interessenten zu qualifizieren. Schließlich wird allzu oft viel Zeit mit Kontakten verschwendet, die nicht für das eigene Angebot infrage kommen. Leider stellt sich das meist erst heraus, wenn man mit diesen Personen gesprochen hat, und so leben auch heute noch viele Anbieter mit einer viel zu schlechten Erfolgsquote von bis zu zehn Kontaktgesprächen und mehr für einen Verkauf.

Wäre es in dieser Situation nicht sinnvoll, die Geschäftsanbahnung und Vorqualifikation der potenziellen Kunden zu automatisieren? Die Technik dafür steht längst bereit.

Was ist Marketing-Automation und was kann sie für Ihr Unternehmen leisten?

Technisch betrachtet handelt es sich bei der Marketing-Automation um eine Softwarelösung, mit der man Marketingprozesse automatisieren kann, zum Beispiel um Kontakte zu generieren – in der Marketingfachsprache „Leadgenerierung" genannt. Aber auch Vertriebsprozesse lassen sich automatisieren, zum Beispiel das automatisierte Nachfassen bei Angeboten, oder die Terminvereinbarung.

Eine gute Automationssoftware leistet jedoch mehr. So besteht zum Beispiel die Möglichkeit, Kunden und Interessenten auch bei Massenmailings persönlich und individuell anzusprechen, Kundenbindungsprogramme zu starten oder Folgeverkäufe zu realisieren. Auch die mühsame Arbeit, neue Mitarbeiter einzulernen und den Wissensstand der eigenen Belegschaft möglichst hochwertig zu vereinheitlichen, lässt sich zumindest teilweise automatisieren. Internes Wissen lässt sich per Video oder mit einer Audiodatei vermitteln – oder mit einem in Lektionen aufgebauten Videokurs, in dem neue Mitarbeiter die wichtigsten Regeln und Vorgehensweisen im Unternehmen Schritt für Schritt kennenlernen.

Ebenso sind diese Werkzeuge interessant, wenn es um die Vorqualifizierung und Steigerung des Interesses bei potenziellen Mitarbeitern und Auszubildenden geht. Auch hier kann man Prozesse installieren, die potenziellen Interessenten die Vorzüge des Ausbildungsberufs im Allgemeinen und die Vorzüge Ihres Unternehmens im Speziellen aufzeigen.

All das und einiges mehr lässt sich mit Automatisierungsmaßnahmen realisieren. Ein weiterer Vorteil: Der Erfolg lässt sich genau messen. Bei allen Prozessen kann man jeden einzelnen Schritt verfolgen und optimieren, damit sie mit der Zeit immer bessere Ergebnisse liefern.

Marketing-Automation löst damit viele Kernprobleme in der Wirtschaft und wird zu einem zentralen Instrument der Unternehmensentwicklung.

Welche Software ist die richtige?

Wenn das Interesse an der Automatisierung Ihrer Marketingprozesse geweckt ist, stellt sich die Frage: Welche Software soll dafür verwendet werden? Pauschal ist das nicht zu beantworten, deshalb zunächst einige Punkte, auf die man bei der Auswahl achten sollte.

Eine kleine Übersicht über aktuelle Softwareangebote am Markt:

0,- € / Open Source	Ca. 50,- €	Ca. 50,- bis 200,- €	Ca. 200,- bis 400,- €	Ca. 400,- bis > Tausend €
Mautic	WBS - Worldsoft Business Suite	Klick-Tipp	ActiveCampaign	Marketo
Zoho		CleverReach	Click Funnels	Evalanche
		Get Response	Infusionsoft	HubSpot
		MailChimp		Act-On
				Salesforce
				Eloqua

Anmerkung: *Monatliche Preise – Vergleich bei in etwa vergleichbarem Volumen (v.a. Adress-Anzahl) und ähnlichen Funktionen in unterschiedlicher Ausprägung und Tiefe (Stand 12/2018).*

Folgende Auswahlkriterien sollten Sie bei der Entscheidung beachten:

- Viele Unternehmen verfügen bereits über ein CRM-System, ein Customer-Relationship-Management-System. Ein weit verbreiteter Irrtum: Eine Marketing-Automations-Software ist ein CRM-System. Meist sind dies zwei verschiedene Systeme. Dann sollten beide Systeme über eine Schnittstelle zu verbinden sein, um Daten automatisch zu synchronisieren.
- Hat die Software auch Schnittstellen zu anderer, eventuell schon vorhandener Software?
- Prüfen Sie den Funktionsumfang, den die Software allgemein bietet, ganz besonders die E-Mail-Marketing-Möglichkeiten wie z.B. die Möglichkeit, individuelle Follow-up-Kampagnen zu erstellen.
- Welche Auswertungsmöglichkeiten bietet die Software, welche Kennzahlen können Sie zum Beispiel übersichtlich und einfach abrufen?
- Gibt es hilfreiche Zusatzmodule?
- Achten Sie darauf, dass die Software DSGVO-konform ist.
- Wie hoch sind die Kosten, vor allem auch bei steigender Adresszahl?

Die Vorteile überwiegen den Aufwand bei Weitem

Die Auswahl des richtigen Systems, die Erarbeitung der Prozesse und Umsetzung der Automatisierungsprozesse verursachen natürlich zunächst einen Mehraufwand. Allerdings zahlt sich die Investition von Zeit und Geld sehr schnell aus. Die Vorteile, die Sie nach der Einführung genießen, rechtfertigen den Aufwand.

- Sie verfügen nach der Umstellung über ein skalierbares System. Das bedeutet, Sie können genau kalkulieren, welche Investition notwendig ist, um ein bestimmtes Ergebnis zu erzielen, bzw. was es kosten wird, einen gewünschten Umsatz zu erzielen. Solange die Prozesse profitabel arbeiten, können Sie Ihr Ergebnis steigern, indem Sie die Investition zum Start des jeweiligen Prozesses erhöhen.

- Sie erzielen eine höhere Kundenzufriedenheit und eine bessere Kundenbindung durch die automatisierte Betreuung, Information und Qualifikation der Kunden.

- Die automatischen Prozesse garantieren Zusatzverkäufe, Upsells, Cross-Selling und Wiederholungskäufe und erhöhen damit den Customer Lifetime Value.

- Die Automatisierung der Abläufe spart langfristig viel Zeit, die Sie sonst mit immer gleichen Tätigkeiten verschwenden, zum Beispiel mit Begrüßung und Information neuer Kunden, Schulung von Mitarbeitern, Beantwortung immer wiederkehrender Fragen, Vorqualifizierung von Interessenten, Ausfiltern nicht geeigneter Interessenten, Vermittlung von wichtigem Fachwissen als Entscheidungsgrundlage für die Interessenten und vielem mehr.

Marketing-Automation in der Praxis – die Customer Journey

„Aus Fremden werden gute Freunde" – so könnte man die Reise beschreiben, die der Kunde mit Ihrem Unternehmen gemeinsam durchleben soll. Die Customer Journey macht idealerweise aus Personen, die weder Ihr Unternehmen noch das Angebot kennen und die deshalb noch keinerlei Vertrauen zu Ihnen haben, begeisterte Wiederholungskäufer und Botschafter Ihres Hauses.

In der Customer Journey durchläuft der Kunde verschiedene Zyklen, in denen sich eine Beziehung entwickelt und systematisch auf- und ausgebaut wird. Ohne dass Sie steuernd eingreifen, bleibt diese Entwicklung dem Zufall überlassen. Die gute Nachricht: Die Reise des Kunden lässt sich weitestgehend automatisieren.

Im ersten Schritt muss beim potenziellen Kunden ein Problembewusstsein vorhanden sein, oder eines geschaffen werden. In der nächsten Phase seiner Reise recherchiert er, heute meist im Internet, nach möglichen Lösungen für sein Problem – zum Beispiel über Google, Facebook, YouTube,

XING, oder er sucht in bestimmten Foren und Blogs nach Antworten. Hat er die gesuchten Möglichkeiten gefunden, schreitet er zur Entscheidungsfindung: Er wählt die Lösungen aus, die ihm am vielversprechendsten erscheinen, vergleicht sie miteinander und sucht Kontakt zu den Anbietern.

Wenn Sie den potenziellen Kunden in dieser Phase überzeugen, kommt es zum Erstkauf – aus einem Interessenten wird ein Kunde. Nach dem Kauf nutzt der Kunde das Produkt und sammelt Erfahrungen mit dem Produkt wie auch mit Ihnen als Anbieter. Sind diese Erfahrungen positiv, entwickelt sich der Erstkunde zum Stammkunden und wird eventuell zum Empfehlungsgeber.

Damit der Kunde die Customer Journey komplett durchläuft, müssen Sie den Interessenten bzw. Kunden in allen Schritten begleiten und von sich und Ihren Leistungen überzeugen. Eine solche Kundenreise könnte in der Praxis folgendermaßen ablaufen:

- Sie platzieren im Internet relevante Inhalte für Ihre Wunschkunden bzw. Wunschmitarbeiter.
- Ein Interessent recherchiert nach diesen Themen.
- Er findet Ihre Informationen und lädt sich diese herunter bzw. schaut diese als Video an.
- Dabei werden die Kontaktdaten (meist E-Mail) des Interessenten gespeichert.
- Der Interessent wird mit weiteren automatisierten Informationen versorgt, die perfekt auf seine Bedürfnisse abgestimmt sind.
- Nach dem ersten Kauf erhält der Kunde weiterhin passende Informationen und Angebote. Daraus entstehen Folgeverkäufe und weitere Geschäftsmöglichkeiten.

Wo stehen Sie? Wo möchten Sie hin?

Wie bei jeder Reise stehen diese beiden Fragen am Anfang. Sie sind der Ausgangspunkt Ihrer Aktivitäten.

Weitere Fragen, die Sie sich stellen und auf die Sie Antworten liefern sollten, sind:

- Welche Ziele haben Sie in den verschiedenen Phasen der Customer

Journey? Was muss der Wunschkunde bzw. der Wunschmitarbeiter wissen, damit er Ihr Angebot richtig einordnen und bewerten kann?

- Haben Sie Ihre Wunschkunden / Wunschmitarbeiter klar definiert? Wen genau möchten Sie ansprechen? Avatare helfen dabei.
- Wie finden Sie momentan Ihre Wunschkunden / Wunschmitarbeiter? Wie gehen Sie dabei vor?
- Wie sucht Ihre Zielgruppe nach Ihren Angeboten? Welche Suchbegriffe verwendet sie in der Suchmaschine oder bei YouTube?
- Welche für Ihre Zielgruppen relevanten Inhalte (Informationen, Statistiken, Videos, Checklisten etc.) können Sie zur Verfügung stellen? Idealerweise kostenfrei, um die Hürde zum Kennenlernen möglichst gering zu halten und den Prozess der Customer Journey in Gang zu setzen.
- Welchen Mehrwert liefern Sie im Prozess der Entwicklung vom Interessenten zum Wunschkunden / Wunschmitarbeiter? Womit können Sie Ihre Zielgruppe positiv überraschen und echten Nutzen liefern?
- Wie sehen Ihre Maßnahmen aus, um Erstkunden langfristig zu binden? Welche Zusatzangebote haben Sie für sie? Was ist der Nutzen, langfristig mit Ihnen zusammenzuarbeiten?

Einige Beispiele aus der betrieblichen Praxis

1. Aufbau der Kundenbeziehung und qualifizierte Kundenanfragen

Die Voraussetzung, um Interessenten anzuziehen, ist eine suchmaschinenoptimierte Website mit wertvollen Informationen und Mehrwert. Ein eigener Blog eignet sich dazu perfekt. Beim Website-Besuch hilft eine klare Handlungsaufforderung, ein Call-to-Action, zum Erhalt der Kontaktdaten. Anschließend gilt es, eine erste Beziehung aufzubauen und diese durch gezieltes E-Mail-Marketing zu vertiefen.

E-Mail-Marketing ist der vermutlich am einfachsten umzusetzende Teil der Marketing-Automation. Wie effektiv das ist, sehen Sie in der weiter unten folgenden Grafik.

Viele Unternehmen erkennen nicht das in den Bestandsadressen schlummernde Potenzial. Wenn 10 von 1.000 Kunden direkt kaufen, werden die weiteren 990 Interessen-Adressen durch fehlendes Nachfassen meist „verschenkt". E-

Mail-Marketing erledigt dies zuverlässig und preisgünstig. Durch einen Sales Funnel – eine Art Verkaufstrichter, der die Customer Journey aus Anbietersicht abbildet – werden Interessenten zu Kunden entwickelt.

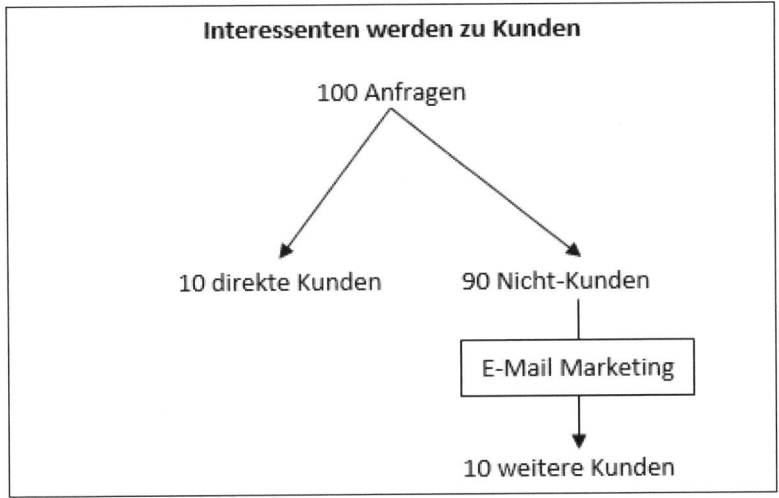

2. Terminabwicklung von der Terminbestätigung bis zur Nachbearbeitung

Eine schriftliche Terminbestätigung reduziert Missverständnisse und sorgt für mehr Verbindlichkeit – außerdem spart sie Zeit durch Reduzierung ausgefallener Termine. Die Terminerinnerung ist die logische Fortsetzung und sorgt für weitere Verbindlichkeit und Professionalität. Perfekt ist es, wenn man dem Interessenten eine Agenda, Referenzen oder Broschüren gleich mitsendet, damit man im Gespräch schneller zum Punkt kommen kann.

Zu einer professionellen Terminabwicklung gehört anschließend die Terminnachbereitung. Hier kann man ergänzende Informationen senden und die nächsten Schritte mitteilen.

Mit der passenden Marketing-Automation ist das alles kein Problem. Sie binden eine professionelle Online-Termin-Software, die eine Schnittstelle zu Ihrem Kalender bietet, in Ihre Website ein. Der Interessent sieht Ihre freien Termine und wählt selbst einen davon aus. Alternativ tragen Sie, ein Mitarbeiter oder ein Callcenter den Termin manuell ein.

Die Termin-Software übergibt den Termin an Ihre Marketing-Automations-Software. Dadurch starten die zeitabhängigen Prozesse Terminbestätigung, Terminerinnerung und Nachfass-E-Mail / Nachbearbeitung.

3. Angebots-Abwicklung und Nachfassen zum richtigen Zeitpunkt

Vielleicht kennen Sie die folgende Situation: Sie senden ein Angebot und setzen sich händisch einen Nachfass-Termin in Ihren Kalender. Sie versuchen am gewünschten Tag anzurufen, aber es kommt etwas dazwischen oder Sie erreichen den Interessenten nicht und sprechen auf seine Mailbox. Sie versuchen es am kommenden Tag erneut – erreichen diesmal Ihren Ansprechpartner, aber er hat das Angebot noch nicht gelesen. Sie legen einen neuen Termin fest, rufen wieder an oder schreiben eine E-Mail und erfahren, dass der Wettbewerb bereits beauftragt wurde. Das ist mehr als ärgerlich. Viel Aufwand für nichts.

Im Zeitalter der Marketing-Automation kann das anders ablaufen: Sie versenden ein Angebot und setzen ein entsprechendes Merkmal in der Marketing-Automations-Software. Wenn der Interessent das Angebot nicht innerhalb einer bestimmten Zeit öffnet, bekommt er automatisch eine freundliche Erinnerung. Wenn der Interessent das Angebot öffnet, bekommt die Marketing-Automations-Software zeitgleich eine Rückmeldung. Wenn Sie nun anrufen, wissen Sie, dass der Interessent das Angebot gelesen hat, oder – wenn Sie schnell sind – dass er gerade am Lesen ist. Fragen können nun gleich besprochen werden und der Auftrag ist so gut wie sicher, weil Sie genau dann am Ball sind, wenn sich Ihr potenzieller Kunde mit dem Vorgang beschäftigt.

4. Positive Bewertungen als unbezahlbare Mundpropaganda

Menschen vertrauen heute eher anderen Menschen als platten Werbesprüchen. Dabei gibt es kaum noch Unterschiede zwischen persönlichen und Online-Bewertungen. Die Herausforderung besteht darin, auch die Kunden, die mit einer Arbeit oder einem Produkt zufrieden sind, zu einer Bewertung zu motivieren. Denn weniger zufriedene Kunden melden sich von sich aus viel öfter zu Wort – und teilen diese Erfahrungen in Bewertungsportalen und Social Media.

Die Lösung ist ein proaktives Vorgehen mit automatisierten Prozessen. Nach Auftragsabschluss wird im ersten Schritt die Meinung der Kunden abgefragt. Die Ergebnisse bleiben intern. Je nach Bewertung werden die Kunden ein zweites Mal aufgefordert, die Bewertung – bei einer positiven Rückmeldung – öffentlich mitzuteilen bzw. – bei einer negativen Rückmeldung – intern zu äußern. Dadurch entstehen mehr positive öffentliche Bewerbungen und unzufriedene Kunden können durch ein gutes Reklamationsmanagement in die Customer Journey zurückgewonnen werden.

5. Die eigene Karriereseite

Große Firmen und Konzerne machen es vor: Eine eigene Mitarbeiterseite zieht Praktikanten, Auszubildende und Fachkräfte an – kleine und mittlere Unternehmen lassen diesen für das Unternehmenswachstum wichtigen Bereich meist komplett außen vor und wundern sich über eine zu geringe Anzahl an Bewerbungen. Eine zusätzliche Website, die sogenannte Landingpage, die sich ausschließlich mit Recruiting beschäftigt, ist durch passende Suchbegriffe und Themen, die Mitarbeiter interessieren, Anziehungspunkt für neues, qualifiziertes Personal. Eine Musterseite für einen Handwerksbetrieb finden Sie unter https://mitarbeiter.internet-marketing-im-handwerk.de/.

Wer den Interessenten von der Findungsphase bis zur endgültigen Begleitung bindet, verschafft sich weitere Vorteile. Möglich ist dies z.B. bei Auszubildenden durch ein eBook mit wertvollen Inhalten zur Berufswahl und eine E-Mail-Kampagne. Auch eine automatisierte direkte Kommunikation z.B. durch WhatsApp ist möglich. Besonders wertvoll ist eine Anbindung der auf der eigenen Karriereseite veröffentlichten Stellenanzeigen an große Jobportale wie Indeed, Stepstone, Monster usw. über eine Schnittstelle. Das schafft Reichweite und Sichtbarkeit.

Last, but not least steht eine einfache und datenschutzkonforme Abwicklung der Bewerbungen auf dem Plan. All das ermöglicht die Marketing-Automation.

Fazit

Nutzen Sie die heute verfügbare Technik, um mit weniger Zeitaufwand mehr zu erreichen und dabei sicherzustellen, dass keine wichtigen Arbeiten vergessen werden. Automatisierte Abläufe sind zuverlässig und behandeln jeden Kunden und Mitarbeiter individuell passend zu seinen Bedürfnissen, Wünschen und Problemen. Marketing-Automation macht alle zu Gewinnern.

© Kerstin Ardelt Klügel

Andrea Kaminski

Die Geschäftsführerin der PNW Organisationsberatung steht seit vielen Jahren an der Seite von kleinen und mittelständischen Unternehmen. Ihre Arbeitsschwerpunkte sind Beratung, Inhousetraining, Coaching. Besonders liegt ihr das Thema Personalentwicklung am Herzen. Sie konzentriert sich auf die strategische Ausrichtung, Prozessoptimierung, Potenzialanalyse.

Als Spezialistin für Organisationsentwicklung führt sie erfolgreich Unternehmer, Führungskräfte und Teams zu Spitzenleistungen und begleitet viele Projekte. Zusätzlich engagiert sie sich ehrenamtlich als Assessorin im Bewertungsverfahren der European Foundation for Quality Management (EFQM) zum Deutschen Qualitätspreis, dem Ludwig-Erhard-Preis. Diesen Erfahrungsschatz gibt die Expertin gern weiter.

Ihr konstanter Arbeitsstil spiegelt sich in den drei Buchstaben Persönlich, Nachhaltig, Wertschätzend wider. Sie entwickelt in den Projekten maßgeschneiderte Lösungen für eine erfolgreiche Unternehmensentwicklung.

Die Qualität der Leistung wird durch Feedbacks, messbare Ergebnisse und interne Evaluationen überprüft und weiter optimiert. Ihr Unternehmen ist nach den Standards von Servicequalität Deutschland zertifiziert.

Seit 2003 ist sie Landesdozentin und Auditorin für die Initiative Service Qualität Deutschland. Als Organisationsberaterin wird sie oft für Interimslösungen engagiert oder unterstützt den Prozess der Nachfolgeregelung.

Ihr Wissen gibt die Beraterin gern in Vorträgen weiter immer unter dem Leitspruch:
Immer einen Zug voraus. Erfrischend und anders.

www.kaminski-pnw-organisationsberatung.de

Mitarbeiterzufriedenheit trifft auf Kundenzufriedenheit durch exzellente Servicequalität

Unternehmensführung ohne ein solides Prozessmanagement ist heutzutage nicht mehr vorstellbar. Performance Excellence steht für effektives Prozessmanagement im Rahmen der kontinuierlichen Unternehmensentwicklung und bildet den Schlüssel zur erfolgreichen Mitarbeiter- und Kundenbindung. Mitarbeiterzufriedenheit trifft auf Kundenzufriedenheit durch eine gelebte Servicequalität.

Unternehmen, die Leistungen mit hoher Qualität anbieten, verfügen über gemeinsame Leidenschaften. Sie interessieren sich für Kundenbegeisterung, veredeln die Führungsqualitäten, binden ihre Mitarbeiter und vertiefen die strategischen Partnerschaften. Wer sich auf diesen Qualitätsweg begibt, muss sich von der Qualitätsfaszination leiten lassen. Das Denken in Funktionen wird dabei langsam ersetzt durch das Denken in Prozessen. Die Quelle sind die Teams mit ihren gelebten Serviceabläufen.

Der in diesem Beitrag beschriebene Ansatz unterscheidet sich von anderen durch seinen in vielen Projekten bereits umgesetzten Praxisbezug.

Unternehmer, Führungskräfte und Mitarbeitende suchen in den schnelllebigen Zeiten nach Impulsen für den Umgang mit den aktuellen Herausforderungen unserer Zeit. Mitarbeiterzufriedenheit und Kundenzufriedenheit kontinuierlich zu gestalten ist so eine Herausforderung. Oft stellt sich die Frage: Welcher der beiden Faktoren ist wichtiger? Konzentrieren wir uns stärker auf die Mitarbeiterzufriedenheit oder stürzen wir uns auf die Kundenzufriedenheit?

Mitarbeiterbindung und Kundenzufriedenheit sind wichtige Basiselemente in Zeiten des kontinuierlichen Wandels. Die vorliegenden Anregungen richten sich an Menschen, die in diesem spannenden Entwicklungsfeld Verantwortung übernehmen, und gibt Impulse für individuelle Entwicklungsmöglichkeiten. Es geht bei dieser Thematik um die Gestaltung der menschlichen Faktoren und der Beziehungen in diesem Kontext.

Betrachtet man den Alltag ein wenig näher, dann stellt man fest, dass Leistungen rund um die Uhr hergestellt werden, Arbeitszeiten werden flexibilisiert, das Aufgabenpensum wächst und wir sind 24 Stunden 7 Tage die Woche erreichbar. Die „Nonstop"-Kultur wird zum Standard und ein beschleunigter Wandel ist eine wesentliche Grundtendenz unserer Gesellschaft, eingeschlossen in eine Erwartungshaltung von exzellenter Servicequalität. Das erfordert ein hohes Maß an analytischer Tätigkeit, einhergehend mit der aktiven Gestaltung dieses kontinuierlichen Verbesserungsprozesses. Gerade kleine und mittelständische Unternehmen sind hier sehr gefragt.

Wie können Sie als Unternehmer die Mitarbeiterzufriedenheit fördern?

Jeder Kunde möchte individuell und persönlich behandelt werden. Kundenorientierte Produkte und Dienstleistungen zu entwickeln setzt jedoch eine grundlegende Mitarbeiterzufriedenheit voraus. Die Mitarbeiterbindung rückt verstärkt ins Handlungsgeschehen. Mitarbeiterzufriedenheit und Kundenzufriedenheit sind geprägt durch deren individuelle Erwartungshaltungen. Aber kennen wir diese überhaupt? Sind wir wirklich interessiert an diesen Wünschen? Beim Kunden ja, aber ist dieser Aufwand auch bei den Mitarbeitenden notwendig?

Die typische Antwort ist ein gedehntes „Ja, schon ...". Aber wie gehen wir mit den vielfältigen Erwartungen um, die da sind, die wir aber nicht immer erfüllen können oder wollen? Warum gelingt es anscheinend einigen Firmen immer wieder, die Balance zwischen beiden Faktoren herzustellen und erfolgreicher zu sein, und anderen gar nicht? Fehlt es diesen Unternehmen an Kontinuität in diesem Prozess? Oder ist der Zeitfaktor die Ursache, dass die Servicequalität nicht immer so umgesetzt wird, wie man sich das erhofft?

Es gehört schon eine Portion Mut dazu, im Zeitalter der Digitalisierung als Unternehmen bereit zu sein, sich stetig weiterzuentwickeln, zuzuhören und Neues zu lernen. Der Arbeitsmarkt gibt immer weniger die Möglichkeit, sich schnell nach neuen Mitarbeitern mit den benötigten Skills umzusehen. Auch wünscht sich der Kunde eine gewisse Kontinuität.

Entwickeln Sie Ihre Mitarbeiter weiter

Lösungsansatz ist nicht nur der Zeitfaktor, sondern die gezielte Weiterentwicklung der vorhandenen Mitarbeiterpotenziale. Arbeit muss bei aller Professionalität auch Freude bereiten, der Mitarbeiter muss intern selbst Servicequalität spüren und diese kann über innovative Ansätze auf die Kundenzufriedenheit übertragen werden.

Zu den wertvollsten Potenzialen jeder Organisation gehören zufriedene, sich wohlfühlende Mitarbeiter und deren Leistungsfähigkeit. Mitarbeiterzufriedenheit und Kundenzufriedenheit mit Wohlfühleffekt sind damit Voraussetzungen für eine hohe Kundenbindung bzw. Kundenloyalität. Das sind zwei entscheidende Merkmale für eine langfristige Marktpositionierung.

Der Schlüssel ist, zu überprüfen, wie sich die Empfehlungsbereitschaft beim Kunden bzw. beim Mitarbeiter entwickelt. Empfehlungsmarketing ist nicht nur ein Instrument der Neukunden-, sondern heutzutage auch sehr wichtig bei der Mitarbeitergewinnung. Referenzen zu geben aufgrund der hohen Zufriedenheit ist wirkungsvoller und effektiv. Dabei spielt Loyalitätsmarketing eine große Rolle und kann im Rahmen der Gestaltung der Prozesse entscheidend beeinflusst werden.

Es gilt, den Kunden durch eine solide Basisleistung zu überzeugen bzw. zu begeistern. Spürbare Wettbewerbsvorteile durch Empfehlungsmarketing können aufgebaut werden. Kontinuierliche Weiterentwicklung gepaart mit Innovation nach innen wie nach außen kennzeichnet exzellente Organisationen.

Gehen Sie auf die Erwartungen Ihrer Mitarbeiter ein

Aufgrund von verschiedenen Bedingungen bzw. Einstellungen innerhalb der Unternehmenskultur werden die weichen Faktoren zum Mitarbeiter teilweise vernachlässigt. Oft hört man die Argumente: „Das geht jetzt nicht", „Dafür haben wir kein Geld", und der Mitarbeiter muss dafür ständig Verständnis aufbringen. Erklärungen sind oft sehr lückenhaft. Das führt oft zu eine Schieflage im Bereich der Mitarbeiterzufriedenheit und wirkt sich langfristig auf das Erreichen der Kundenzufriedenheit aus.

Wenn Kundenorientierung zu einem gelebten Unternehmensstil werden und nicht nur als Worthülse gebraucht werden soll, darf die Mitarbeiterebene nicht zurückgestellt werden. Sonst ist weder ein neues Verständnis von Zusammenarbeit noch der Ausbau einer, wie man so schön sagt, „internen Kunden-Lieferantenbeziehung" möglich. Die Erwartungen des externen Kunden können nur erfüllt und übertroffen werden, wenn in der internen Kette auch die Erwartungen der Mitarbeiter Beachtung finden.

Das klingt so einfach, ist aber in der praktischen Umsetzung eine große Herausforderung für die Unternehmen und das Management. Oft werden alte Verhaltensmuster und Einstellungen praktiziert. Die „Oben-unten-Situation" ist ein massives Hemmnis für die Weiterentwicklung der Servicequalität und damit der gesamten Organisation.

Warum werden Mitarbeiter nicht umfassend beteiligt und mit ausreichenden Befugnissen versehen, um serviceorientierte Dienstleistungen erbringen zu können? In der Praxis findet man oft diese Argumente:

- Die Mitarbeiter haben keine Zeit und sind nicht motiviert!
- Die haben ja gar keine Ahnung!
- Das haben wir ja noch nie so gemacht!
- Alles schon versucht, aber es hat nicht funktioniert!

Partnerschaftliche Beziehungen und Kundenorientierung erfordern eine mitarbeiterbezogene Führung. Das bekannte Eisbergmodell erinnert daran, dass nur die Information „über Wasser" erkennbar ist – die dort enthaltenen vielfältigen Botschaften liegen allesamt unterhalb der Wasserlinie. Aufgrund meiner jahrelangen praktischen Erfahrungen in Unternehmen sind auftretende sachliche Unterschiede meist nicht das echte Problem, sondern nur Symptome auf der Beziehungsebene „unter Wasser". Oft werden diese Dinge unterschätzt oder auch vernachlässigt.

Geben Sie Ihren Mitarbeitern Freiräume

Neben den strategischen und strukturellen Abläufen einer Organisation nimmt die Gestaltung der sozialen Prozesse eine zentrale Stellung für den Erfolg eines Unternehmens ein.

Wie sollen die Mitarbeiter ihr Potenzial voll ausschöpfen, wenn sie nicht als Partner behandelt werden? Und wie sollen Mitarbeiter in Teams zusammenarbeiten, hervorragende Ergebnisse erzielen, wenn die Beziehungen untereinander und zu anderen nicht stimmen?

Es geht darum, in welcher Art und Weise Mitarbeiter selbstverantwortliche Freiräume erhalten, damit sie sich an der Gestaltung der Organisation beteiligen können. Wie wichtig nehmen wir die Kundenbefragungen im Verhältnis zur Mitarbeiterbefragung, wo es genau um diese Zufriedenheit geht? Wenn es darum geht, dass die Mitarbeiterzufriedenheit auf die Kundenzufriedenheit trifft, dann sind Ziele und Vorgehensweisen näher zu betrachten.

Fördern Sie Ihre Mitarbeiter

Im Kern geht es darum, das menschliche Leistungspotenzial optimal zu fördern. Einfach weg von der Strategie, Menschen an Stellen anzupassen, hin zur Stellen-Anpassung an den Menschen. Nicht starre Arbeitsplatzprofile stehen im Fokus, sondern Menschen mit ihren individuellen Kompetenzen, Fähigkeiten und Potenzialen.

Wie oft zeigt sich bei der Personalauswahl, dass diese oder jene Person wahrscheinlich nicht geeignet ist für die ausgeschriebene Position und es keinen Zweck hat, sie einzustellen. Oft nur aus Gründen wie beispielsweise fehlende anwendungsbereite Englischkenntnisse. Durch diese Denkweise verschenken wir oft Chancen, Mitarbeiter zu finden, die mit ihren Aufgaben wachsen und somit eine exzellente Servicequalität entwickeln und diese mit umsetzen – ein Englischkurs würde dieses „Manko" doch leicht beheben …

Nicht der „richtige" Mensch kommt zum „richtigen" Arbeitsplatz, sondern der „richtige" Platz wird durch den Menschen entwickelt. Natürlich werden beide Ansätze sicher nie allein das Allheilmittel für Erfolg sein, wichtig für praktische Umsetzungen ist, eine ausgewogene Balance zu schaffen. Das bedeutet ganz klar Investition in Zeit und Qualität.

Die Unternehmens-Checkliste

1. Arbeiten wir ausreichend mit attraktiven Zielen, die bedeutsam sind?

2. Ist unsere Arbeitsweise sinnvoll strukturiert und passen wir diese Vorgehensweise an Veränderungen an in puncto Zeitmanagement und Teamwork?

3. Was ist mit Verantwortlichkeiten und Kommunikationskultur? Wer tut was und wer ist für was zuständig? Wie transparent sind die Kommunikationswege?

4. Wie sieht unser interner und externer Serviceprozess aus? Werden die Erwartungshaltungen wahrgenommen und einbezogen? Wie werden Ergebnisse dargestellt bzw. präsentiert?

5. Arbeiten wir an unserer Entscheidungskultur?

6. Gibt es bei uns eine wertschätzende Feedbackkultur?

Diese kontinuierliche Analyse ist Voraussetzung für den Erfolg.

Wie motivieren Sie Ihre Mitarbeiter?

Diese Frage ist ein Bestseller in Führungskräftetrainings. Motivation ist immer intrinsisch und kann extrinsisch unterstützt werden und damit Demotivation verhindern. Eine ausgelebte schlechte Stimmung des Mitarbeiters im Dienstleistungsbereich ist nichts anderes als die pure Verletzung am Kunden. Die Begeisterung für den Beruf ist durch nichts zu ersetzen.

Ein großer Faktor für Demotivation spielt die Desorientierung. Fehlende Transparenz führt oft zu Unsicherheit, Ängsten und damit zur Leistungsreduzierung. Leider werden diese Faktoren in der Praxis oft unzureichend beachtet. Führung mit Zielen, Zahlen, Fakten und deren Nachvollziehbarkeit schaffen Orientierung und damit auch einen sicheren Umgang mit dem Alltag. Das Verfolgen attraktiver Ziele bringt Energie. Für die Mitarbeiter wird ein Sinn erkennbar, der wiederum Sicherheit bietet. Insofern motiviert Transparenz. Wie oft wird dies unterschätzt …

Das zeigt deutlich, wie wichtig es ist, auf die Befindlichkeiten der Mitarbeiter einzugehen. Die Umsetzung dieser Faktoren im Serviceprozess nach innen wie nach außen bewirkt eine ernstgemeinte Mitarbeiterbindung und zahlt sich in der Kundenbindung messbar aus. Das beinhaltet exzellentes Management unabhängig von der Unternehmensgröße. Erfolgreiche Unternehmen beweisen das durch ihre nachhaltige Arbeit und messbare Ergebnisse mithilfe von Kennzahlen.

Motivation durch Anerkennung und Wertschätzung

Oft ist in den Führungsetagen zu hören, man solle „nicht so viel loben", und man spürt deutlich, dass die Themen „grundsätzliche Wertschätzung und Anerkennung" noch nicht überall auf der Agenda stehen. Wie können Sie diesen Zustand ändern?

Wertschätzung und Anerkennung sprechen Sie durch die Beschreibung von Handlungen aus, die zur Zielerreichung und zur Erfüllung von Bedürfnissen führen.

Praxisbeispiel für Wertschätzung: Als Projektleiter sprach ich mit meinem Projektmitarbeiter über den Status quo des Projektes. Ich teilte ihm mit: „Dadurch, dass Sie die beiden Studien miteinander verglichen haben, habe ich den entscheidenden Denkanstoß bekommen, nach dem ich sehr intensiv gesucht habe. Ich erkannte, wie ich unseren Auftraggeber für unsere Strategie überzeugen kann. Das bringt uns enorm voran und spart Zeit und Kosten für unseren Projektverlauf."

Ein Beispiel für mangelnde Wertschätzung: Eine motivierte Mitarbeiterin, sehr gut ausgebildet, arbeitete seit Monaten an der Imagebroschüre und musste die Änderungswünsche der Geschäftsleitung ständig einarbeiten. Neue Ideen waren offiziell zwar gefragt, doch nach einem nervenaufreibenden Hin und Her wurde die Broschüre wieder so in den Druck gegeben, wie sie schon vorher gewesen war. Die junge Frau war aber genau für diesen Prozess, Neues zu entwickeln, eingestellt worden.

Wie oft wird wertvolles Potenzial verschenkt und langfristig vernichtet ... Im Falle der Mitarbeiterin ist nicht nur demotivierend gehandelt worden, sondern die Desorientierung wurde massiv in Gang gesetzt. Wenn Sachverhalte zur Ideenfindung angesprochen werden, wird oft bestätigt, dass man für diese Dinge keine Zeit habe. Die Mitarbeiter sollen ihre Arbeit machen und nicht ständig auf Motivationsschübe lauern.

Motivation durch situatives Führen

Situatives Führen zeigt, wie Führungskräfte im Prozess agieren und welcher situative Rollenwechsel erforderlich ist, um auf die Kundenbindung solide zu wirken. Schlussfolgernd für die Praxis ist eine klare Auftragsklärung auf Basis von konkreten Zielen und deren Kommunikation. Das schafft die notwendige Orientierung.

Das muss man aber seitens der Unternehmenskultur wollen.

Es gibt auf diesem Weg kein „Kochrezept": Je nach Aufgabe und dem Entwicklungsstand des Mitarbeiters ergeben sich unterschiedliche Situationen, und das erfordert eine situative Begleitung. Das Geheimnis: Man muss es nur tun.

Dazu zählt eine offene und ehrliche Leistungseinschätzung mit konstruktivem Feedback. Das kann sowohl eine korrigierende als auch eine anerkennende Rückmeldung sein. In der Erfassung der Kundenzufriedenheit gehen wir mit diesen Fakten oft schon viel professioneller um.

So banal das klingen mag: Schaffen Sie Leben, Leidenschaft und eine innovative Atmosphäre in Ihrer Organisation. Gestalten Sie ein Klima, in welchem Engagement und Begeisterung wachsen dürfen und können.

Motivation und Loyalität durch Begeisterung

Jede Organisation ist ein komplexer Organismus durch die Gestaltung von komplexen Prozessen.

Systematisches Prozessmanagement ermöglicht einen Überblick über jeden einzelnen Prozessschritt und muss am Puls der Abläufe sein. Hier sind alle Mitarbeiter und Führungskräfte gefragt und die Ergebnisorientierung ist ein wichtiger Wert. Das erfordert eine gelebte partnerschaftliche Zusammenarbeit.

Eine bekannte Methode zur Ermittlung der Kundenanforderungen und deren Umsetzung in Lösungen ist das von dem japanischen Professor Akao entwickelte QFD (Quality Function Deployment), auch als „Stimme des Kunden" bekannt. Aus Kundenperspektive wird definiert, mit welchen Kunden auf welchen Märkten und auf welcher Weise die festgelegte Strategie realisiert werden soll. Dieses Werkzeug ist ein systematischer Weg zum Ziel in mehreren Schritten:

1. Schritt: Kundenanforderungen ermitteln

2. Schritt: Wettbewerbsprodukte/ Dienstleistung bewerten

3. Schritt: Leistungsmerkmale definieren

4. Schritt: Kundenanforderungen mit Leistungsmerkmalen vergleichen

5. Schritt: Messverfahren festlegen

6. Schritt: Prüfen und Wettbewerbsvorteile definieren – Ziel ist der begeisterte Kunde

Es geht darum, dem Kunden ein emotionales Erlebnis zu vermitteln. Das gilt auch für die Mitarbeiterbindung. Begeisterte Kunden ermöglichen eine hohe Kundenloyalität und begeisterte Mitarbeiter eine hohe Unternehmensloyalität.

Loyalität ist die Bereitschaft, in etwas zu investieren oder persönliche Opfer zu bringen, um eine Beziehung zu stärken. Weshalb soll der Kunde bei mir kaufen und warum soll der Arbeitnehmer sich gerade bei unserem Unternehmen bewerben?

Partnerschaftliche Beziehungen mit Kundenorientierung sind eng verbunden mit dem Verhalten aller Mitarbeiter und Führungskräfte. Das erfordert, wie bereits erwähnt, eine mitarbeiterbezogene, persönliche und wertschätzende Führung. Entscheidend ist das gelebte Betriebsklima. Ist dieses Klima schlecht, schaut sich der Einzelne gern nach besseren Möglichkeiten um und setzt seine maximale Leistungsfähigkeit nur dosiert ein.

Es wird sehr oft über Mitarbeitergewinnung nachgedacht, besser wäre, die gleiche Intensität zu investieren, wie die Mitarbeiter mehr Wertschätzung erfahren können. Diversität wird dabei zu einem immer wichtigeren Kriterium für eine motivierende Unternehmenskultur. Oft spüren Mitarbeiter nur Lippenbekenntnisse.

Wie können Sie als Unternehmer die Kundenzufriedenheit fördern?

Erst wenn die Bedürfnisse und Anforderungen der Mitarbeiter wie auch der Kunden verstanden werden, können diese in einer Spezifikation der Leistungen umgelegt werden. Zu unterscheiden sind dabei Erwartungen, die der Kunde an die Leistung stellt (Nutzen), und Erwartungen, die der Kunde an die Prozess- oder Serviceleistung hat wie beispielsweise Auftragsverfolgung, kompetente Auskunft im Beschwerde- und Reklamationsprozess, termingerechte Lieferung, Wartungsservice oder Herzlichkeit und Freundlichkeit der Mitarbeiter.

Bieten Sie erlebte Servicequalität

Diese Faktoren beeinflussen die Kundenzufriedenheit und tragen zur Wahrnehmung des Gesamtbildes (Image) bei. Der Schlüssel ist die erlebte Servicequalität für den Kunden in Form von Zusatzleistungen, auch auf der emotionalen Ebene. Um Momente der Wahrheit schnell aufzudecken, können folgende Fragestellungen verwendet werden:

- Was passiert beim ersten Kundenkontakt mit dem Unternehmen?
- Was geschieht bei der Durchführung der Leistung?

- Wie verläuft die Kommunikation?
- Welcher Eindruck wird vermittelt vom Unternehmen und Mitarbeiter?
- Welche Reaktion erhält der Kunde im Falle einer Reklamation oder Beschwerde?
- Wie werten wir diese aus? Welche Schlussfolgerungen ziehen wir und wie fließen die Erkenntnisse in unsere Prozesse ein?

Zweck dieser analytischen Fragen ist es, die Gestaltung jener Prozesse und Aktivitäten aufzunehmen, die den Kunden berühren und die wesentlich zu der Beziehung zum Kunden und zu dessen Eindruck vom Unternehmen beitragen. Es geht um die Stimme des Kunden! Wie hoch ist der Grad der Erfüllung der Kundenerwartungen?

Diese Ergebnisse geben sehr schnell Auskunft über die Stimmung des Kunden. Folgende Aussagen zeigen das sehr anschaulich:

„Das Telefon hat zehnmal geklingelt, bevor jemand abgehoben hat!"
„Jetzt werde ich schon zum dritten Mal weiterverbunden!"
„Wie lange soll ich noch auf eine Antwort warten!"
„Ich habe das schon mehrfach Ihrem Kollegen erläutert, aber es kam keine Reaktion!"

Die fachliche Kompetenz wird infrage gestellt – wer ist hier Ansprechpartner?
Welche Standards sind im Unternehmen eingeführt und wie werden diese umgesetzt?
Welche Lücken werden in der Prozessqualität deutlich?

Schließen Sie die Lücken in der Kundenwahrnehmung

Es ist erkennbar, dass in diesen Beispielen Lücken auftreten zwischen den vom Kunden erwarteten und den wahrgenommenen Leistungen. Ziel des Unternehmens muss es sein, diese Lücken zu schließen. Bei der Erarbeitung von Verbesserungspotenzialen ist es wichtig, die wichtigsten Lücken zu erkennen und zu schließen, damit die Planung und Umsetzung von Servicestrategien erfolgen kann.

Standardlücken, die immer wieder auftreten, sind:

- Lücke 1: zwischen den Kundenerwartungen und deren Wahrnehmung
  → Kontinuierliche Analyse notwendig

- Lücke 2: zwischen den festgelegten Servicestandards und deren Umsetzung → Standards müssen sich am Kunden ausrichten, interne Kommunikation und Mitarbeitermotivation sind entscheidende Faktoren
- Lücke 3: zwischen der Spezifikation Qualität und den erbrachten Leistungen mit Partnern → Lieferantenbewertung und Partnerschaften
- Lücke 4: zwischen der erstellten Leistung und der an den Kunden gerichteten Kommunikation → versprochener Service und tatsächlich geleisteter Service, Marketingaktivitäten, Verkaufsargumentation

Für kleine und mittelständische Unternehmen hat sich die strukturierte Vorgehensweise nach der oben genannten Checkliste in der Praxis als sinnvoll erwiesen. Diese kann durch Analyseansätze wie die SWOT-Analyse und/oder die Balanced Scorecard ergänzt und erweitert werden. Die situative Vorgehensweise hat vielen Unternehmen den Weg zum Ziel erleichtert und messbare Ergebnisse gebracht.

Qualität steht an vielen Schnittstellen und Kontaktmöglichkeiten zum Kunden. Über den Grad der Zufriedenheit, oder gar der Begeisterung, entscheidet der Gesamteindruck aller Teilleistungen. Der in verschiedenen Branchen erprobte dargestellte Ansatz ist als komprimierter Impuls gedacht, um sich diese Thematik weiter zu erschließen. Der Anfang ist der Start für das große Ziel.

Mitarbeiterzufriedenheit trifft auf Kundenzufriedenheit. Was denkbar ist, ist auch machbar. Es ist nur die Frage von Wie und Wann.

© PicturePeople

Christiane Richter

Nach langjähriger Führungserfahrung in der Industrie hat Christiane Richter 2013 die Conversio Change Management UG gegründet und berät und begleitet mit ihrem Team Unternehmen in allen Phasen von Veränderungsvorhaben. Besonders wichtig ist ihr dabei immer ein ganzheitlicher Blick auf die Organisation und den Veränderungsprozess, der nicht nur die vorhandene Struktur, die Geschäftsprozesse, Systeme und Werkzeuge berücksichtigt, sondern den „menschlichen Faktor" in den Mittelpunkt stellt: Führung und gelebte Kultur, Motivation und Qualifikation, Zusammenhalt und Veränderungsbereitschaft von Führungskräften und Mitarbeitern.

Neben ihrer Beratungstätigkeit für Unternehmen ist Christiane Richter als Diplom-Psychologin langjährig als Lehrbeauftragte an zwei Fachhochschulen in Köln tätig.

www.conversio-changepartner.com

Agil? – Das sind wir doch schon ewig!

… Diese Antwort geben viele Mittelständler, wenn man sie auf das Thema Agilität anspricht, und sie haben recht damit: Der Begriff ist bereits in den frühen 1990er-Jahren entstanden und wurde ursprünglich für (Produktions-)Unternehmen verwendet, die in der Lage waren, sich schnell verändernden Kundenanforderungen anzupassen. Und genau diese Anpassungsfähigkeit war und ist nach unserer Auffassung immer noch eine der wesentlichen Stärken mittelständischer Unternehmen.

Dennoch ist es sinnvoll, sich mit dem Thema Agilität heute noch einmal zu beschäftigen, unter anderem aus den folgenden Gründen:

Die VUKA-Welt, beschrieben durch Volatilität, Unsicherheit, Komplexität und Ambiguität, stellt mit ihrer permanent steigenden Veränderungsgeschwindigkeit in Technologien und Märkten alle Unternehmen – auch die bisher bereits erfolgreichen – in immer kürzeren Abständen vor neue Herausforderungen.

Viele Unternehmen haben darauf reagiert – mit neuen Geschäftsmodellen, anderen Formen der Zusammenarbeit, neuen Arbeitsmethoden und -werkzeugen und einer Veränderung von Führung und Unternehmenskultur. Nach unserer Auffassung lohnt es sich, einmal zu prüfen, was sich daraus für mehr Agilität in der eigenen Organisation lernen lässt.

Strukturierte Agilität

Der Begriff der Agilität wird heute erheblich weiter gefasst als früher (vgl. z.B. den Hays HR-Report 2018) und umfasst neben Anpassungsfähigkeit und Flexibilität ein hohes Maß an Vernetzung, die Möglichkeit zur Selbstorganisation und eine Vertrauenskultur. Agilität in diesem Sinn lässt sich nur mit einer ganzheitlichen Betrachtung von Organisationen erreichen. Es geht daher in unserem Beitrag nicht nur um Werkzeuge und Methoden zum agilen Arbeiten, sondern auch um

- die Organisationsstruktur, also um den Rahmen, den das Unternehmen für agiles Arbeiten bietet, und
- die Alltagskultur, die gelebten Werte und Normen, die als Grundlage für die Zusammenarbeit im Unternehmen dienen.

Wir nennen dies „strukturierte Agilität" (vgl. auch Reimann, S., 2017) und werden Ihnen im Folgenden dazu

- neue Unternehmensstrukturen ebenso wie Ideen für mehr Selbstorganisation und Agilität innerhalb einer „klassischen" hierarchischen Organisation und
- Methoden und Werkzeuge zur agilen Arbeitsorganisation und Zusammenarbeit im Alltag

vorstellen und Wege zu deren Implementierung aufzeigen. Außerdem werden wir die Rolle der Organisationskultur auf dem Weg zu mehr Agilität erläutern.

Neue Unternehmensstrukturen – der Rahmen für Agilität

Einführung

Sprechen wir hier von Unternehmensstruktur, dann meinen wir zunächst einmal neuere und aktuelle Organisationsformen, wie sie in folgender Darstellung zusammengefasst sind:

Klassische Organisationsstrukturen	Neuere Organisationsformen	Aktuelle Organisationsformen
	Tensor Organisation	
Funktionale Organisation	Prozessbasierte Organisation	Ambidextre Organisation
Divisionale Organisation		Fraktale Organisation
Matrix Organisation	Projektbasierte Organisation	Modulare Organisation
Holding	Teambasierte Organisation	Zelluläre Organisationen
	Viable Systems Model	Holokratie
	Netzwerkorganisation	

Quelle: Conversio, 2019

Wir haben daraus im Folgenden einige aktuelle Organisationsformen ausgewählt, die nach unserer Praxiserfahrung besonders „mittelstandstauglich" sind und die zu mehr Agilität im Unternehmen beitragen können.

Teambasierte Organisation – am Beispiel Scrum

Unter den teambasierten Organisationen sind Scrum Teams aktuell wohl die verbreitetste Form, bei der Agilität im Vordergrund steht. Dabei ist Scrum weit mehr als eine teambasierte Organisationsform. Das Vorgehensmodell umfasst grundsätzliche Prinzipien, eine begrenzte Zahl definierter Rollen, festgelegte Arbeitsschritte, Ereignisse und Dokumente (Artefakte) und Werte für die Zusammenarbeit. Scrum ist in den 1990er-Jahren als Methode zur selbstorganisierten Arbeit von Softwareentwicklungsteams entstanden. Die Methode ist nicht nur für Teams, sondern auch für größere Einheiten und für ganze Unternehmen strukturiert anwendbar.

Definierte Rollen

Scrum unterscheidet die folgenden Rollen:

- das Scrum Team, das die Produktentwicklung plant, durchführt und überprüft und dazu Scrum mit den definierten Arbeitsschritten, Ereignissen und Methoden anwendet,
- den Scrum Master (auch Agility Master genannt), der für die agile Arbeitsweise sorgt,
- den Product Owner, der für das Produkt und den Return on Investment verantwortlich ist.

Arbeitsschritte und Ereignisse

Das Scrum Team organisiert seine Arbeit selbst in sogenannten Sprints, die üblicherweise einen Zeitraum von ein bis vier Wochen umfassen. Ausgangsbasis dabei ist das sogenannte Product Backlog, das alle umzusetzenden Kundenanforderungen mit ersten Aufwandsabschätzungen beschreibt. In der Planungsphase eines Sprints wird zunächst das Sprint Backlog mit denjenigen Punkten aus dem Product Backlog befüllt, die in diesem Sprint umgesetzt werden sollen. Anschließend beginnt die Umsetzungsphase. Ist der vorgesehene Umfang entwickelt und getestet, erfolgt im Review am Ende des Sprints die Überprüfung aller umgesetzten Punkte. In der abschließenden Retrospektive reflektiert das Scrum Team seine Arbeitsweise, um sie zukünftig effizienter und effektiver zu machen. Der Scrum Master unterstützt das Scrum Team bei dieser Retrospektive.

Neben diesen Arbeitsschritten und Ereignissen wird Scrum durch Arbeitstechniken und Werkzeuge für Zusammenarbeit und Kommunikation ergänzt. Diese beschreiben wir im Kapitel „Methoden und Werkzeuge – Agilität im Unternehmen praktizieren".

Erfahrung aus der Praxis

Nach unserer Erfahrung kommt Scrum als Organisationsform und Vorgehensmodell immer noch schwerpunktmäßig im IT-Bereich – auch bei mittelständischen Unternehmen – zum Einsatz. Vereinzelt haben wir auch die Einführung von Scrum in Marketing- und HR-Projekten begleitet. Bisher haben wir jedoch noch kein Unternehmen kennengelernt, das in der Produkt- / Softwareentwicklung ausschließlich mit Scrum arbeitet.

Wesentliche Vorteile von Scrum aus unserer Sicht sind

- die hohe Flexibilität im Vorgehen insbesondere gegenüber dem Wasserfallmodell,
- die enge Einbindung des Kunden,
- die Stärkung der intrinsischen Motivation der Teammitglieder durch selbstorganisiertes Arbeiten (im Erfolgsfall) und
- die Kombinierbarkeit mit anderen (insbesondere selbstorganisierten) Organisationsformen.

Wesentliche Herausforderungen bei Scrum stellen die folgenden Punkte dar:

- die erforderliche Reife eines Team, um selbstorganisiert zu arbeiten,
- die Neudefinition der Teamleiterrolle,
- die Neudefinition von Schnittstellen zu anderen Unternehmensbereichen, die Scrum nicht anwenden,
- mögliche Unsicherheiten bezüglich des Gesamtaufwands und des Budgets für ein Scrum-Projekt.

Zelluläre Organisation – am Beispiel BetaCodex

Der BetaCodex als Organisationsmodell geht auf eine 1998 in England initiierte Forschungsinitiative unter dem Namen „Beyond Budgeting" zurück und ist ein Modell der Selbstorganisation für Organisationen jeder Art, also nicht nur für Unternehmen. Ein wesentlicher Vertreter von BetaCodex in Deutschland ist Niels Pfläging, dessen Veröffentlichungen (zum Beispiel Silke Hermann, Niels Pfläging; 2018) wir bei der folgenden Beschreibung zugrunde gelegt haben.

Auf der Grundlage eines humanistischen Menschenbildes definiert der BetaCodex zwölf Prinzipien zur Bewältigung von Komplexität und Veränderung in Organisationen und versteht eine Organisation als untereinander verbundenes, lebendes Netzwerk aus unterschiedlichen Zellen, das durch die Kräfte des Marktes gesteuert wird.

Die einzelnen Zellen …

- bestehen aus gemischten Teams und integrieren verschiedene Rollen, Funktionen und Verantwortungen, die normalerweise getrennt sind,
- sind kundenorientiert und bieten Produkte und/oder Services (intern oder dem Markt) an und verkaufen diese eigenständig,
- sind rechenschaftspflichtig gegenüber anderen Organisationsmitgliedern und verantwortlich für die Erzeugung eigener Wertschöpfung,
- regulieren sich selbst. Ihre Kontrolle und Steuerung erfolgt durch den Druck der Kollegen und durch die systemweite Transparenz (gemeinsame Verantwortung für gemeinsame Ziele). Den Rahmen dafür bilden die Rollen, die Leitlinien und Werte der Organisation.

Das aus den Zellen bestehende Netzwerk ist wertschöpfend und hat eine ausgeprägte informelle Struktur, die aus der Kommunikation der Menschen untereinander entsteht. Die Wertschöpfungsprozesse entstehen aus der Zusammenarbeit der Teams. Sie laufen immer von innen nach außen und spiegeln sich in internen Märkten und Preisen wider, denn die Netzwerke praktizieren eine interne Verrechnung ihrer Leistungen. Dadurch und durch den „Zug" des Marktes wird Stabilität und Widerstandsfähigkeit im Netzwerk erzeugt.

Das Netzwerk ist nach innen offen und transparent und hat ein gemeinsames Verständnis von den Außenbeziehungen der Organisation. Es stellt die Wertschöpfungsprozesse der Organisation in den Mittelpunkt und ist nicht an einer Hierarchie orientiert.

Erfahrungen aus der Praxis

Uns liegt zur inhaltlichen Gestaltung und Implementierung von Beta-Codex eine Reihe von Praxisberichten aus deutschen mittelständischen Unternehmen vor. Diese machen unter anderem deutlich, dass einer der wesentlichen Erfolgsfaktoren der Organisationsform die Ausgestaltung der Zellen ist. Dafür gibt es zwar die Grundregel, dass sich die Strukturierung der äußeren Zellen vor allem an den Kundenbedürfnissen und Produkten orientieren sollte und die administrativen Bereiche die inneren, zentralen Zellen bilden, dennoch sollten Aufgaben und Zusammensetzung der Zellen individuell für jedes Unternehmen festgelegt werden.

Ist eine Prozessorientierung in der Organisation bereits vorhanden, kann dies aus unserer Sicht eine gute Voraussetzung für den Schritt zur Beta-Codex Organisation sein.

Holokratische Organisation

Holokratie ist eine Form der Selbstorganisation, die von Brian Robertson, einem Softwareentwickler und Gründer von Ternary Software, 2007 erstmalig der Öffentlichkeit vorgestellt wurde. Das Konzept und Regelwerk von Holokratie ist ausführlich in der „Holocracy Constitution" (Robertson, B. et al., 2015) beschrieben worden und steht im Internet frei zur Verfügung. Holokratie ist eine komplexe Organisationsform; wir beschränken uns hier auf die Darstellung von zwei wesentlichen Gestaltungselementen, die Kreise und das holokratische Rollenkonzept.

Kreise

Kreise sind miteinander verbundene Gruppen von Mitarbeitern. Sie werden nach demokratischen Prinzipien geführt, sind aber untereinander hierarchisch angeordnet. Dabei gibt der jeweils übergeordnete Kreise dem untergeordneten seine Ziele und Aufgaben („Purpose") vor, er kann im untergeordneten Kreis Änderungen vornehmen und auch neue Kreise ins Leben rufen. Über- und untergeordnete Kreise sind durch die im Folgenden noch beschriebenen Lead Links und Rep Links jeweils doppelt verlinkt.

Rollen

Die holokratische Organisation basiert nicht auf Stellenbeschreibungen und Funktionen, sondern auf einem Rollenkonzept. Jede Rolle ist eindeutig beschrieben: durch ihren Sinn und Zweck in der Organisation, durch ihren Kontrollbereich und durch ihre wesentlichen Aufgaben. Es erfolgt eine Trennung von Person und Rolle, und jedem Mitarbeiter können mehrere Rollen zugeordnet werden. Als besonders wichtige Rollen innerhalb der holokratischen Organisation sind zu nennen:

- Der „Lead Link": Dies ist ein Repräsentant des übergeordneten Kreises in dem jeweils untergeordneten Kreis. Dabei kann es sich tatsächlich um ein Mitglied des übergeordneten Kreises handeln, die Rolle kann aber auch an ein Mitglied des untergeordneten Kreises delegiert werden.
- Der „Rep Link": Dies ist umgekehrt ein Repräsentant eines untergeordneten Kreises in dem jeweils übergeordneten Kreis.

Erfahrungen aus der Praxis

Anwenderberichte und eigene Praxiserfahrungen mit holokratischen Organisationen zeigen die folgenden Ergebnisse:

- Die Einführung von Holokratie braucht Zeit (ein bis drei Jahre, je nach Voraussetzung und Größe des Unternehmens) und eine erfahrene Prozessbegleitung, u.a. da die Organisationsstruktur individuell für das Unternehmen festzulegen und zu dokumentieren ist. Für diese Dokumentation der Organisation und laufende Aktualisierungen stehen im Internet verschiedene cloudbasierte (kostenpflichtige) Plattformen zur Verfügung. Die Transparenz und Klarheit, die durch diese Dokumentation der Organisation entsteht, kann ein wesentlicher Vorteil bei der Einarbeitung neuer Mitarbeiter und bei Zertifizierungen sein und macht die Umsetzung organisatorischer Änderungen erheblich leichter.
- Aus eigener Erfahrung wissen wir, dass sich das holokratische Organisationsmodell gut mit anderen agilen Formen der Selbstorganisation wie Scrum verbinden lässt.

Ambidextre Organisation – am Beispiel von Kotters zwei Betriebssystemen

Der Begriff Ambidextrie bedeutet wörtlich übersetzt „Beidhändigkeit". Als organisationale Ambidextrie wird seit den 1970er-Jahren die Fähigkeit einer Organisation bezeichnet, gleichzeitig effizient und flexibel zu sein, effizient in ihren bestehenden Prozessen, anpassungsfähig und innovativ in ihrer Reaktion auf Umweltveränderungen. Wie sich dies verbinden lässt, dafür zeigt unter anderem John Kotter einen Weg auf (Kotter, 2012). Kotter spricht von den zwei Betriebssystemen einer Organisation und schlägt vor, neben der hierarchischen Organisation ein agiles Netzwerk aufzubauen, das ausschließlich der Entwicklung und Umsetzung neuer Ideen dient. In diesem agilen Netzwerk sollen etwa 10 % der Führungskräfte und Mitarbeiter des Unternehmens auf freiwilliger Basis mitwirken, motiviert durch den Wunsch, sich am positiven Wandel der Organisation zu beteiligen. Das Netzwerk gibt sich eigene Regeln der Zusammenarbeit. Es wird von einem Kernteam gelenkt und hat die Unterstützung der Unternehmensführung. Es steht gleichrangig neben der Hierarchie.

Erfahrungen aus der Praxis

Selbstorganisierte Freiwilligen-Netzwerke kennen wir aus unserer Praxis gut und haben sie für Unternehmen mit konzipiert und aufgebaut. Der

Zweck der Netzwerke ist dabei durchaus unterschiedlich: Bei Kotter geht es um Strategie und Innovation. Dies ist bei den digitalen „Hubs", die von zahlreichen Großunternehmen ins Leben gerufen wurden, ähnlich. Häufiger werden auch Netzwerke aus Change Agents geschaffen, in denen Freiwillige mit der Umsetzung von Veränderungsmaßnahmen innerhalb der Hierarchie betraut werden.

Der Vorteil dieser Netzwerke liegt darin, dass sie ergänzend zur klassischen Hierarchie implementiert werden können. Erfolgreich werden sie jedoch nur dann sein, wenn sie die Unterstützung der Unternehmensführung haben und gleichrangig neben der Hierarchie stehen.

Was ist „drin" für den Mittelstand?

Alle vier vorgestellten Organisationsformen sind nach unserer Erfahrung „mittelstandstandstauglich" und schaffen einen Rahmen für mehr Agilität im Unternehmen.

Wie der Weg zu einer solchen agileren Organisationsform aussieht, liegt in der Entscheidung des einzelnen Unternehmens. Neben der radikalen Umstellung der gesamten Organisation in einem Schritt – für die es auch eine Reihe von Praxisbeispielen gibt – ist ein stufenweises Vorgehen möglich, bei dem Sie mit einem Pilotvorhaben, z.B. in einem Unternehmensbereich, beginnen.

Unabhängig davon gibt es in den vier Organisationsformen Elemente, die einzeln umsetzbar sind und von denen fast jedes Unternehmen direkt profitieren kann, so z.B. durch die Aufteilung einer Produktentwicklung in kurze Einheiten (Sprints), die kontinuierliche Einbindung des Kunden in den Entwicklungsprozess oder die Verankerung von Retrospektiven zum internen Lernen in allen Arten von Projekten.

Methoden und Werkzeuge – Agilität im Unternehmen praktizieren

Einführung

Im Folgenden stellen wir Ihnen einige Methoden und Werkzeuge zur agilen Arbeitsorganisation und Zusammenarbeit im Alltag vor. Einige davon sind agilen Vorgehensmodellen wie Scrum entlehnt, andere sind bereits lange bekannt und stärken auch in hierarchischen Unternehmen Agilität und Selbstorganisation.

Die Methoden haben wir danach ausgewählt, dass sie „mittelstandstauglich" und auch für Unternehmen mit einer hierarchischen Struktur geeignet sind.

Methoden für die Zusammenarbeit in Teams

	Daily Stand-up	Retrospektive	Kreatives Arbeiten im Team/ Design Thinking
Was	Auch „Daily Scrum" genannt, tägliches Treffen eines Scrum Teams während eines Sprints. Das Treffen findet im Stehen statt, daher „Daily Stand-up" genannt.	Rückblick zum Ende eines Scrum Sprints auf die Zusammenarbeit und die Ergebnisse. In Projekten, die nicht mit Scrum durchgeführt werden, sind dies Lessons-Learned-Workshops.	Strukturierte, inspirierende Methode zum kreativen Arbeiten im Team
Wozu	Zur Überprüfung von Fortschritten, zur Sicherstellung von Informationsflüssen und zur Planung des Arbeitstages.	Zur Würdigung der erreichten Ergebnisse und zur Ermittlung von Verbesserungspotenzialen.	Zur Entwicklung neuer Produkte, Geschäftsmodelle oder Problemlösungen
Wie	Jedes Teammitglied beantwortet die folgenden drei Fragen: 1. Was wurde seit der letzten Besprechung erreicht? 2. Was wird vor der nächsten Besprechung erledigt? 3. Welche Hindernisse gibt es?	Strukturierter und moderierter Workshops. Zur Vorbereitung dieses Workshops wird empfohlen, allen Teilnehmern einen Fragebogen vorab zur Verfügung zu stellen.	Vorgehen in 6 Schritten: 1. Beobachten und Verstehen, 2. Sichtweise definieren, 3. Ideen finden, 4. Prototypen entwickeln, 5. Testen, 6. Implementieren Die ersten 5 Schritte können mehrfach durchlaufen werden. In den verschiedenen Schritten kommen weitere Methoden zum Einsatz.
Wo	Immer am selben Ort. Wird ein Kanban Board eingesetzt (bietet eine Übersicht zu bereits erledigten, noch in Arbeit befindlichen und noch offenen Aufgaben bietet), findet das Treffen dort statt. Bei virtuellen Teams werden alle Mitglieder dazugeschaltet.	Es sollte sich nach Möglichkeit um eine Präsenzveranstaltung handeln. Bei virtuellen Teams müssen alle Teammitglieder digital integriert sein.	Raum für Workshops, White Boards, Glaswände. Die Beteiligten sind gemeinsam vor Ort.
Wie lange	15 Minuten	60 – 90 Minuten	Die 6 Schritte werden nicht unbedingt in einem Workshop durchgeführt, insbesondere der Prototypenbau und der Test mit Kunden können mehr Zeit erfordern, sodass sich die Schritte auf mehrere Tage verteilen.

	Daily Stand-up	Retrospektive	Kreatives Arbeiten im Team/ Design Thinking
Be-wer-tung	Einsetzbar in allen Arten von Projekten, auch wenn nicht mit Scrum gearbeitet wird, Frequenz und Länge können individuell ange-passt werden.	In allen Arten von Projekten einsetzbar, Frequenz und Länge können individuell angepasst werden.	Für unterschiedliche Frage-stellungen geeignet, insbe-sondere der Prototypenbau zeigt frühzeitig und ohne Risiko Schwachstellen einer Lösung/Entwicklung auf. Die Durchführung macht Spaß.

Quelle: Conversio, 2019

Methoden für den Austausch in Großgruppen/der Gesamtorganisation

Für die Kommunikation und den Austausch in Großgruppen gibt es zahl-reiche, gut dokumentierte interaktive Veranstaltungsformate (in Anleh-nung an Dittrich-Brauner et al., 2013). Die folgenden drei Formate sind nach unserer Praxiserfahrung gut einsetzbar:

	World Café	Open Space	Zukunftskonferenz
Was	Im Kaffeehaus-Setting Kom-munikation und Austausch fördern	Kaffeepause zur Konferenz machen	Teilnehmer verschiedener Gruppen arbeiten in wech-selnder Zusammensetzung an der Gestaltung der Zukunft.
Wozu	Ideen vorstellen, Diskussion dazu ermöglichen, Mei-nungsbildung fördern	In sehr kurzer Zeit mit sehr vielen Personen Lösungs-möglichkeiten für eine zu verändernde Situation erarbeiten	Unterschiedliche Mitarbeiter zu einer gemeinsamen Zukunftsplanung bringen
Wie	Mehrere Stehtische im Raum, an denen Diskussi-onen stattfinden, die Teil-nehmer wandern von Tisch zum Tisch, die Gastgeber bleiben. Die Diskussions-ergebnisse am Stehtisch werden auf Papiertischde-cken festgehalten.	Ablauf: 1. Fokusfrage zur Einstimmung, 2. Teilnehmer benennen ihre Themen und entwickeln die Agenda, 3. Gruppen arbeiten nach Interesse in wechselnder Zusammensetzung, Markt-platz, Aktionsgruppen.	Ablauf: 1. Vergangenheit und Gegenwart betrachten, 2. Zukunftsbilder entwerfen, 3. Gemeinsamkeiten heraus-arbeiten, 4. Zukunft planen.
Für wen	12 – 1200 Teilnehmer	30 – 2000 Teilnehmer	60 – 80 Teilnehmer aus verschiedenen Herkunfts-gruppen

Quelle: Conversio, 2019

Methoden und Werkzeuge für die Mitarbeiterführung

Zu Methoden und Werkzeugen agiler Führung gibt es bereits eine große Zahl von Veröffentlichungen. Im Folgenden haben wir drei Methoden und Werkzeuge ausgewählt, die aus unserer Praxiserfahrung in einer hierarchischen Struktur zu einer Stärkung des Vertrauens zwischen Führungskräften und Mitarbeiter beitragen können.

	Führungsgespräche	Wahl oder Bestätigung von Vorgesetzten	Mitarbeiterbefragungen
Was	Moderiertes Feedbackgespräch zwischen Führungskraft und Mitarbeitern	Wahl von Führungskräften durch Mitarbeiter oder Bestätigung neu eingesetzter Führungskräfte durch Mitarbeiter	Regelmäßige schriftliche Befragung von Mitarbeitern
Wozu	Zur Optimierung des Verhaltens in der Zusammenarbeit, vor allem aufseiten der Führungskraft und zum Aufbau einer wertschätzenden Feedbackkultur	Beteiligung der Mitarbeiter an relevanten Unternehmensentscheidungen, Rückmeldung an die Führungskraft	Rückmeldung zu Zufriedenheit und Wohlbefinden der Mitarbeiter insgesamt oder bei aktuellen Ereignissen (Veranstaltungen, wesentliche Unternehmensentscheidungen etc.)
Wie	Moderierter Ablauf in fünf Schritten: 1. Plenum: Einführung des Instruments und Rollenklärung, 2. Selbsteinschätzung der Führungskraft, Fremdeinschätzung durch die Mitarbeiter, 3. Gruppengespräch, 4. Vier-Augen-Gespräch Führungskraft und Moderator 5. Plenum: Schriftliche Vereinbarung zur Führung und Zusammenarbeit	In der Regel anonyme schriftliche Wahl oder Bestätigung	Regelmäßige Mitarbeiterbefragungen z.B. durch neutralen externen Anbieter (Great Place to Work etc.) oder Nutzung von Feedback-Apps (Standard oder fürs Unternehmen erstellt)
Für wen	Für Führungskräfte und ihre Teams auf allen Ebenen des Unternehmens	Die Wahl einer Führungskraft erfordert u.E. eine ausgeprägte Vertrauenskultur in der Organisation. Aus eigener Erfahrung wissen wird, dass die Bestätigung neu eingesetzter Führungskräfte leichter einführbar ist.	Für alle Unternehmen geeignet

Quelle: Conversio, 2019

Agilität – Und welche Rolle spielt jetzt die Kultur?

Unter dem Begriff „Unternehmenskultur" verstehen wir die Werte und Normen, die sich im alltäglichen Verhalten von Führungskräften und Mitarbeitern im Unternehmen widerspiegeln. Von diesen hängt es wesentlich ab, ob und wie schnell agile Organisationsmodelle und agile Methoden und Werkzeuge im Unternehmen Akzeptanz finden.

Das bedeutet für uns jedoch nicht, dass der Weg zu mehr Agilität mit einem Programm zur Kulturveränderung beginnen muss. Denn wir teilen die Auffassung von Christina Grubendorfer (2016): „[…] Unternehmenskulturen sind nicht kontrollierbar, sondern entwickeln sich von selbst, quasi hinter dem Rücken der Akteure, die vielleicht glauben, sie gemacht zu haben."

Wir vertrauen darauf, dass die Veränderungen der Organisationsstruktur und der Einsatz agiler Methoden und Werkzeuge auch die Kultur verändern werden. Und wir nutzen „[…] Kultur lieber als Sensor für Veränderungsarbeit […]" (Grubendorfer; 2016). Die Kultur ist unser Indikator dafür, inwieweit die agilen Strukturen, Methoden und Werkzeuge tatsächlich bei Führungskräften und Mitarbeitern „angekommen" und akzeptiert sind.

So kann Ihr Weg zu mehr Agilität aussehen

Auf Ihrem Weg zu mehr Agilität möchten wir Ihnen abschließend noch ein paar Empfehlungen zum Vorgehen mitgeben:

- Sie müssen in Ihrem Unternehmen nicht die Hierarchie abschaffen, um agiler zu werden – können es aber natürlich tun.
- Sie brauchen auch kein großes Transformationsprojekt mit einem Masterplan für mehr Agilität.
- Machen Sie sich zunächst ein Bild von der aktuellen Situation: Wie agil sind Sie heute in Struktur und Prozessen, in Methoden und Werkzeugen und in Ihrer Organisationskultur – und wo gibt es Veränderungsbedarf?
- Schaffen Sie mehr „Spielraum" für Ihre Mitarbeiter und stärken Sie sie.
- Erarbeiten Sie mit Ihren Führungskräften, was Vertrauenskultur und agile Führung für Ihr Unternehmen konkret bedeuten soll und wie sie auf- und ausgebaut werden können.

- Gehen Sie auf Ihrem Weg zur Agilität agil vor: Planen Sie kleine Schritte, setzen Sie Impulse, prüfen Sie deren Wirkung, bessern Sie nach oder verwerfen Sie.

Auf Ihrem individuellen Weg zu mehr Agilität unterstützen wir Sie und Ihr Unternehmen gern mit unserer Erfahrung.

Literatur

Dittrich-Brauner, K., Dittmann, E., List, V.: Interaktive Großgruppen, 2. Aufl., Berlin: Springer, 2013

Eppler, M.J.: Zu neuen Ufern des Organisierens, Zeitschrift für Unternehmensentwicklung und Change Management, Ausgabe 1 / 2015, Seiten 52 – 53

Grubendorfer, C.: Einführung in systemische Konzepte der Unternehmenskultur, 1. Aufl., Heidelberg: Carl-Auer-Verlag, 2016

Kotter, J.P.: Die Kraft der zwei Systeme, Harvard Business Manager; Dezember 2012, Seiten 3 – 15

Pfläging, N., Steinmann, P.: Organisation für Komplexität – Wie Arbeit wieder lebendig wird – und Höchstleistung entsteht, Nachdruck der Neuauflage, München: Redline Verlag, 2014

Reimann, S.: Changeability für Unternehmen – Die agile DNA, managerSeminare, Heft 229, April 2017, Seite 52ff.

Robertson, B et al.: Holocracy Constitution; 2015, www.holocarcy.org /constitution

Rump, J. Möckel,K., Eilers, S., Schnabel, F.: Hays HR-Report 2018, 2018

Schneider, C.: Besser ohne Boss – Interview zum Organisationsmodell Holocracy, managerSeminare Heft 187 Oktober 2013, Seite 72 – 77

© Falko Alexander Bürschinger

Sabine Schorn

Expertin im Bereich Betriebliches Gesundheitsmanagement mit über 25 Jahren Berufserfahrung in verschiedenen Unternehmen und Branchen, hauptsächlich in den Bereichen Personalwesen, Führungskräfteentwicklung, Personal-Recruiting und Projektmanagement.

Im Laufe ihres beruflichen Werdegangs kam in ihr der Wunsch nach einer Neuorientierung auf, um ihre bisherigen Erkenntnisse aus ihrem Arbeitsleben mit ihren Interessensgebieten zu verbinden. Sie erlebte selbst, wie die verschiedenen Belastungsfaktoren unserer Arbeitswelt in Unternehmen Menschen motivieren, aber auch gesundheitlich beanspruchen bzw. beeinträchtigen können. Auf dem Weg zu ihrer Selbstständigkeit bildete sie sich gezielt und mit Begeisterung in fachspezifischen Themen fort, die sie heute für ihre Arbeit als Beraterin, Trainerin und Coach im Themenfeld des Betrieblichen Gesundheitsmanagements anwendet.

Mit einem ganzheitlich orientierten Ansatz unterstützt sie Organisationen und ihre Beschäftigten bei der systematischen und nachhaltigen Gestaltung von gesundheitsförderlichen Arbeitsbedingungen sowie bei der Entwicklung von Gesundheitskompetenz am Arbeitsplatz. Ihr Ziel ist die Erhaltung der Arbeitsfähigkeit und -motivation der Beschäftigten als wichtige Basis für ein gesundes, zukunftsfähiges Unternehmen. Mit viel Engagement und Empathie bietet sie begleitende Leistungen in Form von Seminaren, Workshops und Vorträgen mit dem Schwerpunkt der psychosozialen Gesundheitsförderung an.

www.abnun.de

Von Potenzialen zu Erfolgsfaktoren – Fachkräftesicherung mit Betrieblichem Gesundheitsmanagement

Unternehmen stehen heutzutage vor vielen Veränderungen oder erleben sie bereits: durch älter werdende Belegschaften, zunehmenden Mangel an Fachkräften, steigenden Wettbewerbsdruck, die Digitalisierung, zunehmende Geschwindigkeit und durch Wertewandel.

Diese sich verändernden Rahmenbedingungen können nicht nur für kleine Unternehmen zum Problem werden, auch für den Mittelstand unserer Wirtschaft werden sie vielerorts schmerzhaft spürbar. Schon vor ca. zehn Jahren berichtete gut die Hälfte aller kleinen mittelständischen Unternehmen von mittleren oder gar großen Problemen bei der Stellenbesetzung. Heute haben sich diese Aspekte in einigen Branchen und Regionen deutlich verstärkt.

Um diese Herausforderungen zu meistern, benötigen zukunftsorientierte Unternehmen, die sich in unserer Wirtschaft behaupten wollen, gesunde, leistungsfähige und motivierte Mitarbeiterinnen und Mitarbeiter. Auch im Zeitalter der Digitalisierung werden die meisten Betriebe, vor allem kleine und mittelgroße, noch längere Zeit darauf angewiesen sein, mithilfe von Beschäftigten die Unternehmensabläufe aufrechtzuerhalten bzw. ihr Unternehmenswachstum durch menschliche Tatkraft zu bewerkstelligen. Die Gesundheit der Beschäftigten und damit der Erhalt ihrer Arbeitsfähigkeit werden so zunehmend zu erfolgsbestimmenden Faktoren.

Die Frage ist: Welche Handlungsmöglichkeiten haben Sie als Arbeitgeber?

Grundsätzlich gilt: Zu den Pflichten jedes Unternehmens – sowie seiner Führungskräfte – zählen Maßnahmen zur Erhaltung der Gesundheit der Beschäftigten am Arbeitsplatz. Im Arbeitsschutzrecht wird die Verantwortung des Arbeitgebers diesbezüglich an verschiedenen Stellen unterstrichen. Diese gesetzlich verankerte Fürsorgepflicht beinhaltet auch den Schutz der Gesundheit bei psychischen Belastungen, worauf im Nachfolgenden der Fokus liegt.

Der Arbeitgeber ist aufgefordert, die Arbeitsbedingungen unter anderem auch auf psychische Belastungsfaktoren und ihre möglichen gesundheitskritischen Folgen hin zu überprüfen. Mithilfe der „Gefährdungsbeurteilung psychischer Belastung" sollen adäquate Maßnahmen getroffen werden, um negativen Belastungsfolgen (wie z. B. Krankheit) präventiv entgegenzuwirken. Diese noch recht junge Aufgabe im Arbeits- und Gesundheitsschutz ist schlicht eine Konsequenz der modernen Arbeitswelt und hat somit ihren Sinn.

Ich habe nicht die Absicht, Sie in diesem Beitrag an Ihre gesetzlichen Pflichten und Auflagen zu erinnern, sondern ich möchte Sie auf die damit verbundenen Chancen und Möglichkeiten zur betrieblichen Stärkung aufmerksam machen. Besonders die kleinen und mittelständischen Unternehmer wenden sich immer noch bei dem Thema „Gesundheit im Betrieb" desinteressiert oder genervt ab und erst recht, wenn die Rede auf die psychische Gesundheit der Mitarbeiter kommt. Auf den ersten Blick ist das verständlich, da es hier nicht um greifbare und direkt messbare Faktoren des Geschäftsalltags geht, wo meist ein rauer Wind weht. Da sind schon manches Mal Sätze zu hören wie: „Um ihre Gesundheit sollen die Mitarbeiter sich selbst kümmern!" oder „Dafür haben wir keine Zeit!" oder Ähnliches. Dabei liegen besonders bei den psychosozialen Faktoren große Potenziale brach, die viele Arbeitgeber bei sich noch ausschöpfen könnten, um zum Beispiel das Thema Fachkräftesicherung und -bindung zu optimieren.

Perspektivenwechsel und was uns bewegt

Haben Sie schon einmal als Unternehmer Ihren Betrieb oder als Führungskraft Ihren Bereich mit den Augen eines Außenstehenden, zum Beispiel denen eines Bewerbers, betrachtet? Warum sollte sich ein Bewerber für Ihren Betrieb entscheiden? Was haben Sie Bewerbern im Vergleich zu anderen Betrieben zu bieten? Warum sollen sich Ihre Mitarbeitenden jeden Tag pünktlich an ihren Arbeitsplatz begeben und mit Bestleistung glänzen? Warum sollte ein Beschäftigter bei Ihnen doch im Betrieb bleiben, wenn er abgeworben wird oder woanders mehr verdienen könnte?

Weil er oder sie froh ist, Arbeit zu haben? Das reicht heute nicht mehr als Argument und für die Zukunft schon gar nicht! Aber wonach treffen wir Menschen in diesem Kontext unsere Entscheidungen, wenn wir die Wahl haben? Das Geld ist es nicht unbedingt, auf jeden Fall nicht allein. Was ist es dann? Meine kurze Antwort wäre: Weil es uns gefällt! Dieses „Gefallen" basiert nicht unbedingt auf Zahlen, Daten, Fakten und auch nicht auf Geld, sondern hier entscheiden unsere Empfindungen, Emotionen und Gefühle. Bevor unsere Ratio also entscheidet, haben wir in der Regel ein Gefühl, das uns eine deutliche Entscheidungshilfe bietet – bewusst oder unbewusst. Ein Gefühl, das uns guttut, fördert in uns die Motivation, etwas zu tun, es weckt unsere Einsatzbereitschaft, es kann uns unter Umständen zu Höchstleistungen antreiben. Es bewegt uns in mehrfacher Hinsicht: psychisch und physisch.

Dieses „Wohlfühlen" kann zum Beispiel entstehen, wenn wir willkommen geheißen werden, wenn uns mit Wertschätzung und auf Augenhöhe begegnet wird, wenn wir uns einer Gemeinschaft zugehörig fühlen dürfen und ehrliche Anerkennung für unseren Einsatz erfahren, wenn wir Sinn in einer Aufgabe entdecken können und uns Vertrauen geschenkt wird. Wenn das, was wir leisten, als wertschöpfend für das Unternehmen gewürdigt wird, dann bewegen wir uns – und zwar gerne oder sogar mit Begeisterung! Kurzum: Menschen wollen als Menschen wahrgenommen werden, und hier liegen die vielfältigen Möglichkeiten bezüglich des Themas Fachkräftesicherung. Dort, wo beispielsweise nur zahlen- und sachorientiert geführt wird, wo Druck hinsichtlich Leistung und Zeit ausgeübt wird, wo zu wenig informiert wird, Mitarbeiterbedürfnisse nicht ernst genommen werden, gibt es Auswirkungen mit deutlich negativen Signalen, die den Unternehmenserfolg auf Dauer schwächen. Das ist ein Nährboden für einen Krankenstand über dem Durchschnitt, nicht zufriedenstellende Arbeitsleistung und hohe Fluktuation.

Vielleicht sagen Sie jetzt als Arbeitgeber oder Führungskraft: „Wir bieten doch was, aber wir können es nicht allen recht machen!" Natürlich kann und soll es ein Arbeitgeber nicht allen Bewerbern und Mitarbeitenden recht machen. Jedoch wirkt sich eine offene, wertschätzende und mitarbeiterorientierte Unternehmenskultur nachhaltig positiv auf den Unternehmenserfolg aus. Das Gute daran ist, dass jedes Unternehmen schon mit kleinen Schritten zur Optimierung der Arbeitsplatzsituation beitragen kann, ohne viel Aufwand und hohe Kosten. Auch hier sind es oft die kleinen Dinge, die eine große Wirkung haben können. Vorausgesetzt, ein Unternehmen, ganz gleich wie groß, entscheidet sich grundsätzlich dafür, eine gesundheitsförderliche Unternehmenskultur zu entwickeln, in der Mitarbeitende sich wohlfühlen und gerne arbeiten.

Wie geht das? Es ist letztendlich ein stetiger und systematischer Prozess, der in der Unternehmensphilosophie verankert sein und die Mitwirkung aller Beschäftigten beinhalten sollte. Was genau eine gesundheitsförderliche Unternehmenskultur ausmacht und wie man eine entwickelt, hängt dann von den betriebsindividuellen Gegebenheiten ab. Voraussetzung ist, dass Unternehmensleitung und Vorgesetzte die vereinbarten Ziele aktiv unterstützen, für Transparenz sorgen und offen für Veränderungen sind. Daraus resultierende Maßnahmen orientieren sich im Idealfall immer an dem Bedarf der Beschäftigten. Wenn diese Aspekte berücksichtigt werden, sind die Weichen richtig gestellt.

„Betriebliches Gesundheitsmanagement" ist nicht nur etwas für die „Großen"!

Wie wäre es mit einem sehr wertschöpfenden Konzept für Ihr Unternehmen, um das zu erreichen, etwa dem „Betrieblichen Gesundheitsmanagement"? Denken Sie jetzt vielleicht an den Obstkorb im Betrieb, das Massage-Angebot und den Rückenschul-Kurs im Hause oder die Übernahme des Fitnessstudio-Beitrags für Ihre Mitarbeitenden, an einen Gesundheitstag einmal im Jahr etc.? Diese oder ähnliche Maßnahmen bieten immer mehr große Arbeitgeber ihren Beschäftigten an.

Wer es sich leisten kann, hat einen betriebsinternen Gesundheitsmanager und eventuell sogar eine mehrköpfige Abteilung, die das alles auf die Beine stellt. Die meisten Gesundheitsangebote, wie die zuvor aufgezeigten Beispiele, gehören übrigens zum Themenfeld der „Betrieblichen Gesundheitsförderung" (BGF). Das stellt nur eine Säule des „Betrieblichen Gesundheitsmanagements" (BGM) dar und sind freiwillige Leistungen des Arbeitgebers.

BGM wird häufig mit solchen Einzelmaßnahmen des BGF gleichgesetzt. BGM geht allerdings weit darüber hinaus! Die vom Arbeitgeber eingerichtete Laufgruppe, das gesponserte Bio-Essen in der Kantine oder die ergonomische Arbeitsplatzgestaltung sind schon wertvolle Maßnahmen, aber sie allein sind noch lange kein Betriebliches Gesundheitsmanagement. BGM setzt weit vorher an und sollte als ganzheitliches und unternehmensstrategisches Thema gesehen werden, denn – richtig angewendet – interagiert es mit allen wesentlichen Unternehmensbereichen und beteiligt die Beschäftigten von der Bedarfsanalyse bis zur Wirksamkeitsüberprüfung von Maßnahmen. Somit steckt darin viel mehr Potenzial, als zumeist genutzt wird.

BGM als Management-Ansatz

Unternehmensstrategie					
Manage-ment Ebene	Finanzen / Controlling	Personal	Qualitäts-management	Marketing	Organisations-management
	Betriebliches Gesundheitsmanagement				
Operative Ebene	Gesundheitsförderung		Arbeitsschutz §		

Quelle: BSA-Akademie/Deutsche Hochschule für Prävention und Gesundheitsmanagement

Worum geht es dann beim BGM?

BGM ist ein Entwicklungsprozess, der im Idealfall ein vorher festgelegtes Ziel verfolgt, eine systematische Vorgehensweise beinhaltet und kontinuierlich alle betrieblichen Prozesse hinsichtlich der Gesundheitsrisiken im Blick behält. Die übergeordneten Ziele sind: Gesundheit, Leistung und Erfolg für den Betrieb und alle seine Beschäftigten zu erhalten und zu fördern.

Folgende möglichen Ziele und Vorteile können damit verbunden sein:

- Verbesserung der Arbeitszufriedenheit und Motivation
- geringerer Krankenstand und der Erhalt der langfristigen Arbeitsfähigkeit
- gutes Betriebsklima und kollegiale Zusammenarbeit
- Steigerung von Kreativität und Eigenverantwortung bei den Beschäftigten
- höhere Produktivität und Qualität der Arbeit

- höhere Bindung der Beschäftigten an das Unternehmen
- größere Identifikation der Beschäftigten mit dem Unternehmen
- höhere Arbeitgeberattraktivität für die Gewinnung von Fachkräften
- besseres Unternehmensimage und zufriedenere Kunden

Wenn dieser zuvor dargestellte ganzheitliche Ansatz und diese Ziele berücksichtigt werden, entsteht folglich für beide Seiten – für Arbeitgeber sowie für die Mitarbeitenden – eine Win-win-Situation.

Nun mag die Einführung und Umsetzung eines Betrieblichen Gesundheitsmanagements dem einen oder anderen kleineren Unternehmer oder einem mittelständischen Betrieb zu großartig und aufwendig erscheinen. Nicht wenigen Unternehmern und Führungskräften kommen dazu eher folgende Gedanken in den Sinn: „Das bringt doch gar nichts, sondern kostet nur viel Zeit und Geld!" oder „Das bringt die Mitarbeiter nur auf dumme Gedanken und hält sie von der Arbeit ab". Oder: „Das ist nur was für große Unternehmen, die können sich das leisten, wir nicht!" Sie haben in der Tat meist andere Sorgen, als ihren Beschäftigten, die in der Regel den höchsten Betriebskostenanteil ausmachen, noch zusätzlich einen solchen „Luxus" zu bieten.

Viel kostspieliger kann es allerdings werden, wenn die Unternehmensleitung und/oder ihre Führungskräfte sich nicht ausreichend mit den Auswirkungen ihrer Arbeitswelt auseinandersetzen und dadurch arbeitsplatzbedingten Gesundheitsbelastungen und ihren möglichen negativen Folgen Raum geben. Dabei lege ich an dieser Stelle den Fokus noch einmal auf die Folgen psychosozialer Belastung, die meistens nicht so leicht und schnell erkennbar und zudem ganz individuell unterschiedlich sind. Sie können sich für den Arbeitgeber nachteilig entwickeln und den Unternehmenserfolg beeinträchtigen, wenn hierzu keine Vorsorge getroffen wird.

Mit Gesundheitsprävention zu einem gesunden Unternehmen

Um negative Folgen zu vermeiden, die für die betriebliche Entwicklung lähmend und/oder teuer sein könnten, ist der beste Schutz: Prävention! Selbst, wenn Sie einen niedrigen Krankenstand und junge und engagierte Mitarbeiter an Bord haben und moderne Arbeitsbedingungen geschaffen haben, sollten Sie ein für Ihr Unternehmen passendes BGM implementieren. Denn Sie möchten sicher diese gute Situation dauerhaft stabilisieren oder weiter verbessern, um auch in Zukunft über eine gesunde Belegschaft und adäquate Fachkräfte verfügen zu können.

Gute Arbeitsbedingungen werden immer wichtiger, um gute Mitarbeiter zu halten und neue zu gewinnen. Die nachwachsenden Generationen stellen hierzu neue Anforderungen, die nicht ignoriert werden sollten. Es wird also Zeit, dass auch kleine und mittelgroße Unternehmen für sich nachhaltige Konzepte entwickeln, die dem vielbesagten oder auch schon spürbaren Fachkräftemangel entgegenwirken bzw. vorbeugen helfen. Fangen Sie dazu am besten mit einem offenen und selbstkritischen Blick auf Ihr eigenes Unternehmen an. Die Chancen und Potenziale liegen – wie so oft – ganz nah, und zwar im eigenen Unternehmen und bei den eigenen Mitarbeitern.

Einflussfaktoren am Arbeitsplatz auf die Gesundheit und das Wohlbefinden

Die Einflussfaktoren, die sich am Arbeitsplatz auf die psychische Gesundheit und das Wohlbefinden der Beschäftigten auswirken, kommen aus verschiedenen Bereichen und sind vielfältig. Die nachfolgende Auflistung benennt wesentliche Belastungsfaktoren aus vier Merkmalsbereichen der Arbeitswelt, die eine Orientierung geben:

- Arbeitsinhalt/Arbeitsaufgabe: Vollständigkeit der Aufgabe, Handlungsspielraum, Variabilität (Abwechslungsreichtum), Information/ Informationsangebot, Verantwortung, Qualifikation, Emotionale Inanspruchnahme
- Arbeitsorganisation: Arbeitszeit, Arbeitsablauf, Kommunikation/Kooperation
- Soziale Beziehungen: Kollegen, Vorgesetzte
- Arbeitsumgebung: Physikalische und chemische Faktoren, Physische Faktoren, Arbeitsplatz- und Informationsgestaltung, Arbeitsmittel
- Neue Arbeitsformen

(Quelle: Empfehlungen zur Umsetzung der Gefährdungsbeurteilung psychischer Belastung, Gemeinsame Deutsche Arbeitsschutzstrategie (GDA), 2., erweiterte Auflage)

Die oben aufgeführte Aufzählung ist ein Auszug aus der GDA-Leitlinie „Beratung und Überwachung bei psychischer Belastung am Arbeitsplatz" und wird vielfach auch als Grundlage zur Durchführung der Gefährdungsbeurteilung psychischer Belastung verwendet.

Die vier Merkmalsbereiche und die als bedeutsam bewerteten zugeordneten Belastungsfaktoren sind zunächst neutral zu betrachten. Das heißt, die Wirkung muss nicht unbedingt negativ sein, denn im konkreten Arbeitskontext und individuell betrachtet können die Faktoren als Gefährdung der Gesundheit sowie auch als unterstützende Ressource wirken. Sie geben uns aber Anhaltspunkte, worauf bei Gesundheitsschutz und Präventionsmaßnahmen zu achten ist.

Was hat das mit Fachkräftesicherung zu tun?

Diese Auflistung von Belastungsfaktoren macht deutlich, dass es vielfältige Handlungsansätze gibt, anhand derer man im Unternehmen überprüfen kann, ob die Arbeitsbedingungen so gestaltet sind, dass sich die Mitarbeiter wohlfühlen. Wenn wir uns wohlfühlen, sind wir leistungsbereit, innovativ, kooperativ, produktiv – und bleiben eher gesund. Aspekte, die Unternehmer wie Beschäftigte zu schätzen wissen.

Des Weiteren spielt hier eine Rolle, über welche Kompetenzen und Ressourcen der jeweilige Mitarbeiter verfügt, um mit den für ihn belastenden Situationen adäquat umzugehen. Gesundheitskompetenz und gute Arbeitsbedingungen schaffen in Summe ein gesundes Unternehmensklima und erzielen letztendlich auch eine positive Außenwirkung – auf Kunden sowie auf potenzielle Bewerber. Mit der Einrichtung eines Betrieblichen Gesundheitsmanagements können Sie einen Verbesserungsprozess anstoßen, der in Ihrem Unternehmen für Arbeitsbedingungen sorgt, die Gold wert sind. Nehmen Sie dazu Ihre Belegschaft bei allen Schritten mit ins Boot, das unterstützt die Bereitschaft für Veränderungen, die zu Optimierungsprozessen dazugehören.

Wenn Sie schon das eine oder andere in Ihrem Betrieb zur Gesundheitsförderung anbieten, haben Sie erste wertvolle Schritte in die richtige Richtung unternommen, um sich auch nach außen als attraktiver Arbeitgeber zu positionieren. Bleiben Sie an diesem Punkt aber nicht stehen, sondern sorgen Sie aktiv und nachhaltig für eine „gesunde Organisation". Damit können Sie hervorragend nach außen hin werben.

Die Durchführung der Gefährdungsbeurteilung psychischer Belastung kann übrigens ein Einstieg sein, auf dessen Basis BGM gut aufzubauen ist. Auf diesem Wege können Sie fast nebenbei die gesetzlichen Pflichten als Arbeitgeber erfüllen. Eine Unterstützung durch externe Beratung ist hierbei empfehlenswert.

Schritt für Schritt gemeinsam

Wie der Name schon sagt, ist das Betriebliche Gesundheitsmanagement eine Managementaufgabe und sollte in Form einer Top-down-Strategie zielgerichtet durchgeführt werden. Der Kreis der Beteiligten umfasst am Ende alle Mitarbeitenden eines Unternehmens, bis hin zum Praktikanten. Ziel ist, zum einen gesundheitsförderliche Strukturen im Unternehmen (Verhältnis-Prävention) zu entwickeln und zu verankern, zum anderen aber auch, die Gesundheitskompetenz der Beschäftigten (Verhaltens-Prävention) zu verbessern. Mit folgenden Schritten können Sie in Ihrem Unternehmen das Thema „Gesundheit" systematisch angehen:

1. Ziele und Strategien festlegen: Was wollen Sie erreichen und wie wollen Sie vorgehen?
2. Strukturen schaffen: Arbeitskreis bilden oder regelmäßige Sitzungen zum Thema „Gesundheit" durchführen.
3. Ist-Situation analysieren: Vorhandenes prüfen und Mitarbeiter befragen.
4. Interventionsplanung: Ergebnisse bewerten, Handlungsbedarf ableiten und einzelne Schritte planen.
5. Maßnahmen entwickeln und umsetzen. Die Mitarbeiter einbinden, informieren, unterstützen und weiterbilden.
6. Wirksamkeitsüberprüfung und kontinuierliche Verbesserung mit dem Ziel der systematischen Weiterentwicklung

Wichtig ist, die Beschäftigten über jeden Entwicklungsschritt zu informieren und immer wieder zur Mitwirkung einzuladen. Schließlich sind sie die Experten ihres Arbeitsplatzes und sie sollten die Chance erhalten, diesen mitzugestalten und hier Verantwortung übernehmen zu dürfen.

© Laura Schröter

Rainer Willmanns

Nach dem Studium der Pädagogik und den Qualifizierungen zum Betriebswirt (IHK) und EDV-Fachmann (Wirtschaft) begann für Rainer Willmanns der berufliche Weg als angestellter Trainer. Bereits nach einem Jahr wurde ihm die Leitung der Schulungsabteilung übertragen. Nach einem weiteren Jahr übernahm er diese und machte sich als eigenes, bundesweit agierendes Fortbildungsunternehmen einen Namen bei KMUs und Konzernen.

Dank seiner Talente in Vertrieb, Marketing, IT-Organisation und Vermittlung entschied er 1997, seine Fähigkeiten als Unternehmensberater und Businesstrainer einzusetzen. Er verkaufte sein florierendes Schulungsunternehmen und gründete, der neuen Marktentwicklung Rechnung tragend, ein IT-Handelsunternehmen mit CRM-Spezialisierung.

Willmanns erkannte beim Zusammentragen universitärer Forschungsergebnisse zur deutschen Sprache die kulturell bedingten Hürden für eine gelingende Unternehmenskommunikation und entwickelte dafür das Patent und die Trainings Leserzentrierte Textur®. Der Beratungszusammenhang von Geschäftsprozessen, Organisation, Vertrieb und einer neuen Kundenkommunikation bildet sein durchgreifendes Konzept.

Als Autor veröffentlichte er den „WERteleitfaden für Führungskräfte" mit dem Deutschen Managerverband, dessen Vorsitz er zehn Jahre übernahm und heutiger Ehrenpräsident ist. Weitere Bücher sind „Paradoxa und Praxis im Innovationsmanagement", die CRM-Trainingshandbücher „Quintessenz" und „Zusammenhänge" sowie das „Praxishandbuch Öffentlichkeitsarbeit".

Als Unternehmensberater ist er ein Gewinn. Als Trainer eine Koryphäe. Als CRM-Experte eine Autorität. Als Buchautor eine Wissensquelle. Und als Mensch – ein Freund an der Seite.

www.Willmanns.de

www.Leserzentrierte-Textur.de

Frösche, die miauen, fallen im Markt auf

Ihr Absatzmarkt ist vergleichbar mit einem Teich. Für den einen ist er größer, für den anderen kleiner. Sie und Ihre Mitbewerber, Sie alle wollen dort verkaufen, müssen Umsatz machen. Jeder quakt dabei lautstark vor sich hin und buhlt um Kundschaft. Doch so fallen Sie unter den Wettbewerbern einfach nicht auf. Damit ein Unternehmen auf dieser lauten Bühne nicht untergeht, macht sich gerne Aktionismus breit: Führungskräfte und Mitarbeiter werden ausgetauscht, Produkte werden ersetzt, neue Strategien wechseln sich regelmäßig ab. Die neuen Zauberworte heißen Effizienzsteigerung und Digitalisierung, heißen Kostensenkung und Outsourcing. Mit diesen Maßnahmen wird es schon klappen, sich Gehör zu verschaffen. – Wirklich? Oder quakt man nicht einfach nur in einer anderen Oktave, länger oder lauter?

Was eigentlich kaufen Menschen?

In einer Zeit ohne Internet wurde die Frage, was Menschen eigentlich kaufen, wie folgt beantwortet: Menschen kaufen Menschen. Über diese Menschen kaufen Menschen das Unternehmen. Und über das Unternehmen kaufen Menschen das Produkt. Das Schema „Beziehung – Kontinuität – Marke" zog über Jahrhunderte. Heute ordert „ALEXA" das Produkt, egal von wem, egal von wo, sogar egal zu welchem Preis! Sie werden vielleicht einwerfen, dass das den Consumer-Bereich betrifft und nicht das B2B-Geschäft. Einverstanden. Wir werden abwarten und sehen, wohin uns das Allheilmittel „Digitale Transformation 4.0" führen wird. Aktuell liegen der Einkauf und Verkauf noch in Händen von Einkäufern und Vertrieblern. Je komplexer und beratungsintensiver eine Ware ist, desto mehr wird dieser Dialog des Kaufprozesses menschenabhängig sein – und auch bleiben, vermutlich bleiben müssen. Nur wie wollen wir diesem Prozess gerecht werden?

Um wen geht es eigentlich?

Ein Vertriebsleiter kam auf mich zu. Er erklärte, dass sein Unternehmen spezielle Schaltkreise herstellt, die in Produktionsstraßen beim Kunden wertvolle Dienste leisten. Da sich die Neubesetzung einer frei gewordenen Außendienststelle über mehrere Monate hinzog, musste sich der Vertriebsleiter selbst um dessen zugeordnete Kunden kümmern. Beim Blick in das E-Mail-Konto des Ex-Verkäufers stockte ihm der Atem, als er Texte sah, die dieser an die Kunden versandt hatte. Zwei E-Mails brachte er mir ausgedruckt mit. Dazu sagte er: „Nicht nur, dass es von Rechtschreibfehlern nur so wimmelt. Man darf das doch dem Kunden nicht so schreiben ..." Ich las: „Wenn sie mich sprechen wollen, müssen sie bis 19 Urh im Betrieb blieben. Dann schaffte ich es so grade noch vor meinem Feierabend zu ihnen zu kommen. Mehr als eine halbe Stude Zeit haben wir dann aber auch nicht". Oder: „Unterlassen sie es doch, mich immer und immer wieder anzumahnen, das der Austauschschalter immer noch nicht bie Ihnen eingtroffen ist. Wir selber werden von unserem Lieferanten im Stich gelasssen. zaubern können wir leider nicht. Danek für Ihr Verständnis".

Sicher sind beide Beispiele Extreme, unglaubliche sogar. Doch ein Zurücklehnen und Bemerken „Da sind unsere Texte erheblich besser" gibt nur scheinbare Sicherheit. Dazu später mehr. Der Vertriebsleiter meinte weiterhin, dass er, so sensibilisiert, sich einmal alle Mailkonten seiner Vertriebsmannschaft angeschaut habe. Er sei fassungslos, was für schludrige, teils unverständliche Nachrichten das Haus verließen. „Was geben wir für ein Bild in der Öffentlichkeit ab? Was sollen da unsere Kunden denken?! Auf der einen Seite geben wir Hundertausende pro Jahr für Hochglanzbroschüren und Werbung aus und auf der anderen Seite versauen wir unser eigenes Image nach Strich und Faden."

Herzlich willkommen am Teich der quakenden Frösche.

Für diese Feststellung gibt es eine bedeutende Basis: Wir Westeuropäer haben kulturell bedingt eine absenderorientierte Haltung, angelernt in Elternhaus, Kindergarten, Schule, Ausbildung und Beruf. Wir sind erzogen, im Sinne von „cogito ergo sum", „Ich denke, also bin ich", zu agieren. Dieser zentrale Satz des französischen Philosophen René Descartes prägte Europa. In Therapien lernen wir mühsam, „ich" statt „man" zu sagen. In den sozialen Medien ist es ein Leichtes, per Projektion andere zu mobben und fertigzumachen, während man selber „außen vor bleibt". All dies hat Konsequenzen: Es geht zuallererst um uns selbst, nie um den anderen. Der Vertriebler will in den Feierabend, er fühlt sich belästigt durch die ständigen Ermahnungen. Frei nach dem Motto: „Leider können wir das benötigte Element kurzfristig nicht liefern. Mit freundlichen Grüßen ..."

Wie der andere mit einer solchen Aussage zurechtkommt, haben wir vergessen zu hinterfragen. Es fehlt das Know-how, dies in emphatische Texte zu fassen. Wir sind da ideenlos, sind überfordert. Die Aus- und Weiterbildung scheint hier keine Lösungsansätze bereitzustellen. Oder?

Wie können wir uns von den anderen Fröschen absetzen?

Kommen wir zunächst zu einem anderen Beispiel. Ein Geschäftsführer will in absehbarer Zeit in den Ruhestand gehen. Er plant den Verkauf seines – gut laufenden – Unternehmens mit zehn Mitarbeitern und einem kräftigen, mehrere Millionen erreichenden Umsatz. Selbstbewusst berichtet er, dass die angebotenen Produkte erstklassig liefen. Die Vertriebsmannschaft sei grundsätzlich „gut dabei" und der Innendienst solide aufgestellt. Warenwirtschaft, CRM und die DSGVO-Anforderungen seien bestens eingeführt und nützten der Belegschaft.

Er sehe jedoch einen erheblichen Bedarf im kommunikativen Miteinander, erklärt er mir. Wie bei vielen Unternehmen, wirke auch seines altbacken und unmodern. Die interne und externe Kommunikation präsentiere sich in einem miserablen Zustand. Jeder produziere mangels Wissen Textleichen und Sprachhülsen, die nichts aussagten oder die gar missverständlich seien. Gerade solche Fehlinterpretationen, die dann beim Kunden gerne auch in CC und BCC multipliziert würden, verursachten eine gewaltige Nacharbeit. Dies verbrauche unnötige Zeit, Energie und lasse jeden Spaßfaktor vermissen. Aus Sicht des Kunden würden solche unnötigen Vorgänge Vertrauen absaugen. Und das sei ausgesprochen kritisch!

Er möchte erreichen, dass sein Team mit der Text- und Wortpräsenz positiv auffällt und darüber das Unternehmensimage modernisiert wird. Dies wäre die ideale Ergänzung, um in etwa fünf Jahren seine „perfekte Braut" auf dem Markt bestpreisig abzugeben. Die Aufgabe an mich lautet daher: „Verleihen Sie uns eine auffällig freundlichere Marktpräsenz! Machen Sie aus unserem Frosch einen, der miaut, und sich dadurch vom Wettbewerb wahrnehmbar absetzt."

Was hält unser Gehirn vom Lesen?

Lassen Sie uns einen ebenso kurzen wie wichtigen Exkurs durch die Geschichte mit Manfred Spitzers Kerngedanken vornehmen:

- Vor 4.600 Millionen Jahren entstand die Erde.
- Vor 2 Millionen Jahren entwickelten sich uns vertraute Tierarten.
- Der Homo sapiens tauchte vor 200.000 Jahren auf.
- Dessen Sprache entwickelte sich vor 100.000 Jahren.
- Vor 5.000 Jahren gab es die ersten grafischen Zeichen.
- Gutenbergs Druckerpresse wurde vor 550 Jahren erfunden.
- Vor 420 Jahren wurde in Straßburg erstmalig die Schulpflicht eingeführt
- und erst vor 200 Jahren begann die Alphabetisierung der europäischen Bevölkerung!

Aus evolutionärer Sicht ist dies viel zu kurz für die Entwicklung eines auf Lesen spezialisierten Gehirns. Erschwerend kommt hinzu, dass unser Cerebrum sowieso schon unglaubliche 20 % der aufgenommenen Energie verbraucht, das meiste davon für automatisierte und unbewusste Prozesse, und das bei nur 2 % der Körpermasse. Schlussendlich wollen eine Billion Nervenzellen und sechs Millionen Kilometer Nervenzellenverbindungen Tag und Nacht mit Energie versorgt werden. Unser Gehirn verfügt deshalb über einen Schutzreflex, vergleichbar mit einem „Stand-by-Schalter", um Energie zu sparen und sich zu schonen. *Lesen müssen* setzt alleine schon den Finger an den Ausschalter. Wird dann auch noch absenderorientiert geschrieben, wie toll eine Firma ist, wie genial die Produkte sind, dass man kurzfristig nicht liefern könne oder dass die Ware nicht defekt sein könne, weil ja eine Ausgangsprüfung erfolgte, macht sich gehirngesteuerte Unlust breit. Verwendet der Textschreiber ergänzend Negativ-Verstärker wie „leider" oder Satzteile wie „Sie müssen", um nur einige aus einem ganzen Arsenal von sogenannten Antis, Negas und Suggis zu nennen, reagiert der Leser mit Trotz und Aggression. Erst recht, wenn der „Stand-by-Schalter" aus Pflichtbewusstsein heraus nicht gedrückt werden darf. Dann antwortet der Betroffene nur aus seiner Sicht mit seinem „Egoposting". Die Spirale mit „ich, ich, ich" und „wir, wir, wir" dreht sich unaufhaltsam ins Negative.

Wie sollte kundenzentrierte Korrespondenz aussehen?

Strategien für den Schriftverkehr

Genau genommen gibt es drei erkennbare Methoden, wie Korrespondenz entsteht.

1. Kommunikation mithilfe des Bauchgefühls: Hierbei werden Texte intuitiv und (hoffentlich) mit Schulwissen orthografisch und grammatikalisch korrekt verfasst. Die Aufgabe wird meist möglichst schnell erledigt und ad acta gelegt. Hier gilt der Merksatz: „*Was* Sie schreiben, ist wichtig."

2. Kommunikation mithilfe von DIN 5008 und Duden: Bei dieser Strategie werden Schreib- und Gestaltungsregeln genutzt. Typische Korrespondenzschulungen ergänzen die DIN-Norm. Hier gilt der Satz: „*Wie* Sie es schreiben, ist wichtiger."

3. Kommunikation mithilfe von Leserzentrierter Textur® (LZT): Die Leserzentrierte Textur® basiert auf wissenschaftlichen Erkenntnissen universitärer Forschung zur deutschen Sprache. Die LZT ist ein methodisches Regelwerk, um unabhängig von eigenen Textfertigkeiten und Stimmungen dem Leser den passenden Schriftverkehr zu liefern. Statt absenderorientiert wird leserzentriert formuliert. Hier gilt der Satz: „*Wie es beim anderen ankommt*, ist entscheidend."

Angenommen, ein Mitarbeiter erstellt pro Tag 20 E-Mails und drei Briefe – mindestens! Das sind 115 Korrespondenzen in der Woche, 460 im Monat. Im Jahr sind das 5.520 schriftliche Botschaften. Bei zehn Mitarbeitern ergibt sich eine Dokumentenflut von 55.200 Erzeugnissen. Wenn es gelingt, diese Fülle imagewirksam zu präsentieren, hält jedes Unternehmen ein richtig starkes wie kostengünstiges Marketinginstrument in Händen. Wenn man sich dann noch bewusst macht, wie viele verschiedene Textarten ein Unternehmen tagein tagaus produziert, wird die Macht des Textes noch deutlicher:

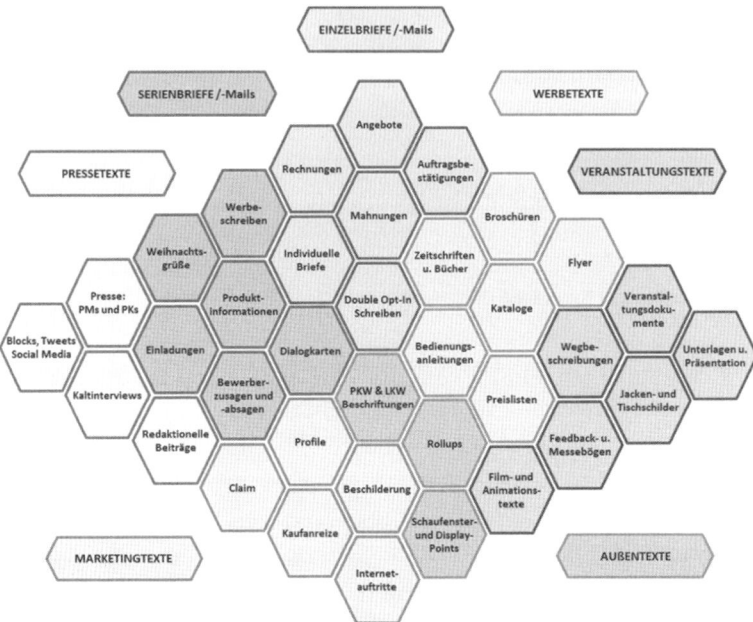

Textomium. Quelle: Rainer Willmanns

Unternehmen erkennen zunehmend die positive Bedeutung einer derart neuen internen und externen Kommunikationsform für die Kundengewinnung und Kundenbindung auf Grundlage der dritten Methode, der Leserzentrierten Textur®.

Wie führt man die Leserzentrierte Textur® ein?

Beispiel eins: Der Vertriebsleiter

Der Vertriebsleiter aus meinem ersten Beispiel, der von der E-Mail-Korrespondenz seiner Mitarbeiter so schockiert war, verstand, dass die Inhalte des leserzentrierten Denkansatzes der LZT das Selbstverständnis eines Unternehmens hinterfragen. Er lud seine Geschäftsleitung und die Abteilungsleiterinnen und Abteilungsleiter zum zweitägigen LZT-Training ein mit dem Hinweis, dass es sich hier um eine strategisch-taktische Neuausrichtung für das Unternehmen handeln könnte. Man möge dies bitte gemeinsam überprüfen.

Am Ende der beiden Seminartage resümierten die Führungskräfte:

1. „Ich befürchtete zu Beginn, dass es sich nur um eine weitere Form von ‚alter Wein in neuen Schläuchen‘ handelt. Zu meiner Überraschung wurden mir an zwei höchst interessanten Tagen laufend wesentliche Neuigkeiten zur deutschen Sprache vorgestellt."

2. „Die zwei Tage gingen rasend schnell vorbei. Der Referent verstand es, medial abwechslungsreich meine Aufmerksamkeit zu binden. Dass zu jedem Thema die passende wissenschaftliche Erkenntnis vorgestellt wurde, brennt sich nicht nur ins Gedächtnis ein, sondern motiviert direkt, das Gelernte umzusetzen. Die Seminarunterlagen sind erstklassig."

3. „Am Ende des ersten Tages stand für mich fest, dass ich nie mehr einen vernünftigen Satz werde schreiben können. Mir wurde klar, dass ich 52 Jahre lang absendorientiert gedacht und geschrieben hatte. Das notwendige ‚Zerstören von Erlerntem‘ wurde – Referent sei Dank – am zweiten Tag derart schnell und gekonnt neu aufgebaut, dass es mir wie nebenbei gelang, E-Mails der neuen Ausrichtung zu erstellen. Es funktioniert!"

4. „Die Leserzentrierte Textur ist tatsächlich der Türöffner für ein neues Selbstverständnis des gesamten Unternehmens. Dieser Ansatz wird in unsere Unternehmensphilosophie aufgenommen. Was für ein Potenzial für unseren Vertrieb! Jeder, der intern wie extern Mails, Tageskorrespondenzen und Unterlagen erstellt, wird LZT kennenlernen und anwenden. Ich mag noch einen Schritt weitergehen: Auch die Mitarbeiter des Callcenters und des Empfangs sollen in LZT geschult werden – denn wir werden mit der gesamten Belegschaft miauende Frösche. Teich, wir kommen!"

Mittlerweile ist die komplette Vertriebsmannschaft „zentriert". Neben der Grundausbildung wurden Textcoachings für Spezialthemen, Workshops zur Auffrischung und Arbeitsgruppen zur Vertiefung durchgeführt. Immer wiederkehrende Textpassagen wurden zentriert und stehen als Textbausteine zur Verfügung. Das Unternehmen ist im wahrsten Sinne des Wortes kundenzentriert am Werk und entwickelt sich auch im Umsatz bemerkenswert weiter.

Beispiel zwei: Der Geschäftsführer
Auch der Geschäftsführer aus dem zweiten Beispiel, der seine „Braut aufhübschen" lassen wollte, bevor er sie zum Verkauf anbot, war begeistert von der LZT. Im ersten Umsetzungsschritt wurden die Mitarbeiterinnen

und Mitarbeiter gefragt, wie zufrieden sie seien mit der internen und externen Kommunikation. Was am Anfang eher verhalten geäußert wurde, nahm rasch konkretere Formen an. Die Folgen von Missverständnissen, die sich aus schriftlicher Korrespondenz ergeben, machten der Belegschaft den größten Stress. Intern wurde bemängelt, dass Anfragen und Hinweise zu spät oder gar nicht beantwortet würden. Es fehle eine Art „Kommunikationscontrolling". Die Webseite und die vorhandenen Broschüren wurden genauso bemängelt wie der Anrufbeantwortertext. Letztlich wurde auch das Erscheinungsbild des Unternehmens gegenüber der Kundschaft als suboptimal empfunden.

Mittlerweile wurden LZT-Grund- und -Aufbaukurse gegeben. Textcoachings mit zwei bis drei Mitarbeitern an „spröden Texten" führten zu erheblich besseren Web- und Broschürentexten. Nachdem sich die neue Denkausrichtung der Leserzentrierten Textur® im allgemeinen Selbstverständnis verankert hatte, ergänzten Seminare zur Hörerzentrierten Rhetorik die telefonische Kontaktaufnahme. Beratung, Service, Vertrieb – alles erscheint nun wie aus einem Guss. Das gewünschte „Kommunikationscontrolling" konnte im CRM eingerichtet werden. Fortan ist per Klick aufrufbar, was von wem bis wann für welchen Kunden oder Kollegen noch zu erledigen ist.

Zitat aus einem der Feedbackbögen: „Es ist großartig zu erleben, wie sich unser Unternehmen neu aufstellte. Ich bin stolz, hier zu arbeiten. Ich bin dankbar, dass unser Chef mir diese Lern- und Arbeitsmöglichkeit gibt. Miau!"

Der wahre Held ist der Text. Wann starten Sie durch?

© Laura Schröter

Tim Willmanns

Wer in einer Unternehmerfamilie aufwächst, erlebt hautnah von klein auf die Geschäftswelt aus erster Hand. Es heißt ja, dass die ersten gesammelten Erfahrungen die sind, die einem am ehesten im Kopf bleiben. Getreu diesem Motto wurde mit einem lauten „Töff Töff"-Geräusch ein damaliges CRM-Training meines Vaters im EDV-Schulungs-Center unterbrochen, als der jüngere Willmanns mit Latzanzug und Spielzeuglok in den Schulungsraum „fuhr". Parallel zur Schule wurden immer wieder Erfahrungen im Bereich der CRM gesammelt. Rainer Willmanns leitete zu der Zeit die Highway-CRM und ermöglichte mir so einen tiefen Einblick in diese komplexe Materie. Unvergesslich ist mir ein zweiwöchiger CRM-Einsatz für ein englisches Unternehmen in Dubai – mit mir! Ein CRM-Standard kann zwar definiert werden, muss aber weiterhin auf jedes Unternehmen hin individuell angepasst werden. Diese Einsicht stellte sich früh bei mir ein und bestätigte sich während des Wirtschaftsabiturs in Leverkusen mit anschließender Ausbildung zum Wirtschaftsassistenten.

„Vieles erfahren haben, heißt noch nicht Erfahrung besitzen", sagt die Erzählerin Marie von Ebner-Eschenbach. So begann der selbstständige Erfahrungsgewinn: Mein „Unternehmerblick" schärfte sich mit dem BWL-Studium und beruflichen Einsätzen im Bereich Bank, Automobilindustrie und in der Informationstechnologie. Das erreichte Zertifikat „Microsoft Certified Solutions Associate" für den SQL-Server ermöglicht die nötige Sichtweise auf die Grundlage von Datenbank-Systemen, die den modernen Sicherheitsstandards genügen wollen.

Das Gemisch aus Wissen, Erfahrung und CRM-Kundenprojekten führte zum aktuellen Stand: Geschäftsführer der cobra Experten GmbH, ehemalige Highway-CRM. Ein Familienunternehmen, das mit Herz und Verstand engagierter Partner tausender CRM-Kunden ist.

www.cobra-Experten.de

Die CRM-Einführung rentabel meistern

Die Digitalisierung in der Arbeitswelt hält Einzug bis in die kleinsten institutionellen Winkel. Was einst nur Begriffe waren, bekommt heute Einsatzrelevanz:

Digitale Transformation + Industrie 4.0 = Neue Produktions- und Logistikabläufe
ERP: Enterprise-Resource-Planning = Komplett digitale Ressourcensteuerung
CRM: Customer Relationship Management = Kundenbeziehungsmanagement

Die aufgeführten Werkzeuge haben zum Ziel, die enorme Komplexität von Geschäftsprozessen in den Griff zu bekommen. In diesem Beitrag erfahren Sie, was es bei der Einführung eines CRM-Systems zu beachten gilt und wie Sie aus Fehlern lernen können, für die andere bereits viel Geld gezahlt haben.

„Wir brauchen kein CRM-System!" – Die fünf häufigsten Einwände

Wird eine Produkteinführung abgelehnt, unterscheidet man in Einwände und Vorwände. Vorwände sind nur vorgetäuscht, um sich einer Anfrage zu entziehen. Einwände sind ernste und zu diskutierende Fakten.

Einwand no. 1: „Wir sind zu klein dafür"

Wer einmal unverhofft gesundheitlich für Wochen ausfiel, wird bestätigen, dass das Argument, man arbeite alleine oder nur mit einer Handvoll Leuten und brauche kein CRM-System, gerade hier nicht zieht. Gleiches gilt für die Aussage, „man habe alles im Kopf". Wenn Wissensträger urlauben, kündigen, verunfallen oder gar sterben, steht das Unternehmen schlimmstenfalls still. Gerade für solche Ausnahmefälle hilft die CRM-Verwaltung mit einer gut gepflegten Kontakthistorie selbst Freiberuflern. Denn hier wird festgehalten, wer von uns wann was mit wem besprochen, vereinbart, geschrieben oder geplant hat. Man sieht, welche unerledigten Aufgaben es gibt und welche Angebote bei wem wann zur Nachakquise anstehen.

Einwand no. 2: „Wir haben die Adressen doch in Excel und Outlook"

Immer wieder hört man, dass die Daten in Excel-Tabellen gespeichert seien. Und das sei vollkommen ausreichend. Die Erfahrung lehrt, dass solche Tabellen ein Eigenleben führen. Sie vermehren sich für anstehende Aufgaben wie z.b. Veranstaltungen, Akquisearbeiten oder sonstige Verteilerlisten. Dort eingetragene Namensänderungen oder neue Telefonnummern, oft genug auch neue Adressen, finden keine Rückkopie in die hoffentlich aktuelle Ausgangstabelle. Besonders peinlich ist es, wenn verstorbene Ansprechpartner in diversen anderen Excel-Tabellen weitergeführt werden. So entstehen Multibletten mit verschiedenen Schreibständen ein und derselben Person mit unterschiedlichen Aktualisierungsständen. Aufgrund der Eindimensionalität lassen sich auch keine Geschäftsvorgänge abbilden. Noch nachteiliger ist die Verwaltung via Outlook. Jeder Mitarbeiter hat hier seinen eigenen Adressstand und (ohne Exchangeprogramm) nur seine eigenen E-Mail-Korrespondenzen. Und in einem Outlookdatensatz lassen sich x Ansprechpartner eintragen. Zur Filterung von Verteilern ist das das K.-o.-Kriterium. Wer so arbeitet, arbeitet wie ein Unternehmen im Unternehmen: Keiner weiß, was beim anderen vorliegt.

Einwand no. 3: „Wir haben ein CRM in unserer Warenwirtschaft"

Sobald ein Unternehmen eine Warenwirtschaft einsetzt, wird gerne auf das dort mitgelieferte CRM hingewiesen. Hinterfragt man die Zufriedenheit mit einem solchen internen CRM, erfährt man von der Belegschaft die dramatisch zu nennenden Unzulänglichkeiten: Änderungswünsche brauchen Monate zur Umsetzung und verlangen horrende Programmiertagessätze. In ausgefeilten CRM-Systemen wie cobra CRM PRO sind derart viele wie praktische Vorgangsfunktionen vorhanden, dass ein ERP-Hersteller dazu keinerlei Ressourcen zur Verfügung hat, diese auch nur im Ansatz nachzuprogrammieren. Sinnvoll ist es, ein spezialisiertes CRM-System mit einer Schnittstelle zum ERP zu versehen. So sind zwei Spezialprodukte im Einsatz. Jedes mit dem Besten an Funktionen für die jeweilige Aufgabe.

Einwand no. 4: „Ein CRM macht zu viel Arbeit"

Diese häufig geäußerte These ist in ihrer Kernaussage wahr wie unwahr. Wahr ist, dass bei einer CRM-Einführung unstrukturierte Altbestände erst einmal homogenisiert und dann Dubletten beseitigt werden müssen. Das CRM-System bietet neue Felder, die in den Bestandsdaten nachbefüllt werden wollen. Zusätzlich weist man sogenannte Stichwörter für die Zielgruppenzuweisung an, wie z.B. „Verteiler Newsletter", „Verteiler Aufsichtsrat", „Verteiler Interessent an Produkt P", „Verteiler Presse national" usw. Ist der überarbeitete Datenbestand angepasst, gilt es für jede Person im Unternehmen, die Vorgangshistorie im CRM auch kontinuierlich zu erfassen. Telefoninhalte werden verschlagwortet dokumentiert. Verschickte und erhaltende E-Mails werden zur Adresse historisiert. Outlook kann somit entschlackt werden, da die Original-E-Mails im CRM-eigenen oder im integrierbaren Dokumentenmanagementsystem gespeichert werden. Einzelbriefe und Serienbriefe werden ebenfalls in der Kontakthistorie verschlagwortet gespeichert und stehen künftig jedem Zugriffsberechtigten per Klick zur Verfügung. Und genau damit beginnen die Arbeitszeitersparnis und der zunehmende Überblick über das unternehmerische Tagesgeschäft.

Einwand no. 5: „Wir programmieren doch unser eigenes Kundensystem"

Zunehmend wächst die Erkenntnis, dass die unternehmenseigene Programmierung keine Lösung für die Anforderungen im heutigen Business ist. Zunächst erscheint es günstig, wenn IT-Studenten programmieren. Vielleicht gibt es einen festen Mitarbeiter, dessen Aufgabe es ist, das System zu entwickeln. Selbst wenn wir davon ausgehen, dass die Entwickler idealerweise mit den künftigen Anwendern eine saubere Bedarfsanalyse ausgearbeitet haben, ist diese immer nur eine Zeitpunktaussage. Die Entwicklungszeit nimmt schnell Jahre in Anspruch (multipliziert mal Jahresgehalt!). Und bis dahin hat sich garantiert nicht nur die Datenbanktechnik geändert, sondern auch die Anwenderanforderung. Dass zwischenzeitlich ein Entwickler kündigt oder ihm gekündigt wird, gehört heutzutage ebenfalls zum Alltag. Ein solcher Personalwechsel ist der Tod eines eigenen Datenverwaltungssystems, zumal auch die Dokumentation meist gravierende Lücken aufweist oder erst gar nicht vorhanden ist. Diese scheinbar so günstige Variante entpuppt sich zu 99 % als gewaltiges Geldgrab. Wie sinnvoll erscheint da ein cobra CRM-System. Seit vier Jahrzehnten entwickeln Dutzende Entwickler vollumfängliche Funktionen. Die Anschaffungskosten sind damit ungleich geringer als beim fast nie positiv endenden Selbstversuch.

„Wir kaufen doch ein CRM!" – Welche Fehler Sie dabei machen können

Wer ein Angebot zum Kauf eines cobra CRMs einfordert, gehört oft zur Gattung Assistenz, Einkauf oder IT, fast nie Geschäftsleitung. Sofort wird klar, dass die strategische Bedeutung einer CRM-Einführung dem Unternehmer unbekannt ist. Wie Sie ein CRM-System auf dem Königsweg einführen, erfahren Sie im letzten Kapitel meines Beitrags. In diesem Kapitel lesen Sie, welche Überlegungen Sie vor dem Kauf bzw. der Installation anstellen sollten, um unnötige Fehler zu vermeiden.

Edition und Lizenzzahl

Moderne Programme haben meist verschiedene Ausbaustufen zur Wahl. Je komplexer die Anforderungen, desto höherwertiger und kostenintensiver die Programme. Bei cobra Software sind das zurzeit Adress PLUS, CRM PLUS, CRM PRO und CRM BI als Top-Produkt. Wenn grob geklärt ist, welche Funktionen der Interessent benötigt, stellt sich die Frage nach der Lizenzzahl. Da außer der Geschäftsleitung selten eine Budgetverantwortung vorliegt, wird meist die kleinste Edition gewählt und die Lizenzzahl minimiert. Dies widerspricht dem Grundgedanken von CRM diametral: Es geht ja gerade darum, kontinuierlich unternehmensweite Zusammenhänge zu dokumentieren und diese allen bereitzustellen. So wird morgens CRM an jedem Arbeitsplatz gestartet und erst zum Feierabend geschlossen. Die Vorstellung, dass man einen anderen CRM-Nutzer auffordern sollte, das Programm zu schließen, damit man selber Zugriff erhalte, ist arbeitsverhindernder Unsinn.

Programminstallation und Datenbank

Wenn der Auftraggeber das Programm erhalten hat, will er installieren. „Er" ist dabei vielleicht ein (externer) IT-ler oder ein Mitarbeiter X. Dass es meist mehrere, höchst verschiedene Installationsarten gibt, lesen selbst die Admins nicht vorab. Die erste Installationsart ist immer die, die am wenigsten rückfragt. Dafür läuft die Installation auch durch und das Programm startet. Dass man besser Variante zwei oder noch besser Variante drei gewählt hätte, weiß man dann, wenn man einen PC oder einen Server austauschen muss oder wenn eine zweite Person auf die gleiche Datenbank zugreifen soll. Da man auch nicht ahnt, dass Rechte auf Adressen gesetzt werden können, sodass die Gruppe Geschäftsleitung z.B. Adressen und Kontakteinträge sehen kann, die andere Gruppenmitglieder nicht sehen, entstehen schnell Dutzende obsolete Abteilungsdatenbanken.

Gastzugang

Wer selber installiert, wird nicht wissen und verstehen, wozu eine Benutzer-, Benutzergruppen-, Rechte-, Funktions-, System- oder Zugriffsrollenverwaltung notwendig ist. So arbeitet man die ganze Zeit nur als Standardgast in der Software und beschneidet seine eigenen Möglichkeiten und die des Kollegenteams nachhaltig.

Zugriff der Mitarbeiter

Beliebt aber irrig ist die Vorstellung, dass man den Mitarbeitern erst einmal ein halbes Jahr lang Zeit gibt, die neue Software kennenzulernen. Eine Software zu prüfen, von der man nicht weiß, wozu sie in der Lage ist, ist jedoch nicht nur langweilig, sondern überfordert auch. Mitarbeiter werden mit einem auf diese Weise eingeführten CRM niemals zufrieden sein können und das Programm in absehbarer Zeit zum Teufel jagen. Daher: Die Belegschaft sollte erst dann einen Zugriff auf die Datenbank erhalten, wenn die Software wie ein Spiegelbild der eigenen Abläufe geplant und eingerichtet wurde und alles bereithält, was exakt im Arbeitsalltag Erleichterung verschafft. So wie im letzten Kapitel beschrieben wird.

Lastenhefterstellung

Die Frage ist, welche Last den künftigen Anwendern durch das CRM-System abgenommen werden soll. Da erscheint es nur sinnvoll, ein Lastenheft zu erstellen.

- Die einen holen sich spezialisierte Unternehmensberater ins Haus und zahlen dafür fünf bis zehn Tagessätze. Wer für eine solche Aufgabe Geld erhält, wird alles daransetzen, 100 % der möglichen Anforderungen zu dokumentieren und in einer künftigen Software einzufordern. Erfahrungsgemäß reicht den Anwendern aber meist schon die 60-prozentige Umsetzung ihrer Wünsche. Erwartet man 100 %, wird die Softwareeinführung per Faustformel 1000 % mehr kosten. Universitäten und Behörden geben am liebsten 100-%-Forderungen vor und stampfen das Projekt dann meist wegen explodierender Kosten ein.

- Die anderen beauftragen eine Person aus der Belegschaft, die sich darum kümmern soll, Anforderungswünsche einzusammeln. Gerne wird ein „Fragekatalog" erstellt, der hausintern jedem zur Beantwortung überreicht wird. Dies überfordert die Mitarbeiter. Denn wer nicht weiß, was genau CRM ist und was es leistet, kann auch keine Aussagen dazu treffen. Kaum einer antwortet. Frustration macht sich breit beim Beauftragten und bei den Kolleginnen und Kollegen.

- Manchmal führt eine Lastenhefterstellung auch zu einer Ausschreibung. Manche sind dazu organisatorisch gezwungen, andere hoffen auf einen Preisvorteil. Ist günstig am besten oder ist billig nicht am Ende doppelt so teuer? Ist ein regionaler Anbieter wirklich besser als ein überregionaler, nur weil er ortsnah ist? Spielen Marktpräsenz, Erfahrung und Qualität eines Anbieters (k)eine Rolle?

Trotz Lastenheft und Ausschreibung gibt es keine Garantie für den Erfolg einer CRM-Einführung. Es ist an der Zeit, ab dem nächsten Kapitel bewährte Alternativen aufzuzeigen.

So finden Sie das für Sie passende CRM

Um aus dem Angebot von CRM-Systemen das passende herauszufiltern, bietet es sich an, folgende Fragen zu beantworten:

Cloudbasiert oder mit Client-Server-Architektur?

Cloud scheint modern. Die digitale Infrastruktur ist hierzulande jedoch weit entfernt von stabilen schnellen Netzleitungen. Ausfälle im Tagesgeschäft drohen. Fragen Sie sich auch dies: Sollen die eigenen Kundendaten wirklich in die Cloud? Cloud heißt noch lange nicht: sicherer oder gar günstiger als eine eigene Serverumgebung! Wenn Cloud: Achten Sie im Kleingedruckten darauf, wem die in die Cloud-CRM eingetragenen Daten gehören. Mit eigenem Server bleiben Sie auf jeden Fall autark und Herr Ihrer Daten! cobra CRM kann übrigens beides.

Für welche Hard- und Software?

Für die PC- und Windows-Welt gibt es mit Abstand die meisten CRM-Alternativen. Für die Apple- iOS-Welt reduzieren sich die Angebote auf eine Handvoll Produkte. Wer dennoch in seiner Apple-Welt windowsbasierte-CRM nutzen möchte, benötigt das Apple Programm „Parallels". Es stellt Windows als virtuelle Maschine im Mac bereit und verhält sich wie eine eigene Insel ohne Schnittstelle zur restlichen Apple-Hard- und -Software. Am Rande sei erwähnt, dass cobra CRM-Programme die mobile Schnittstelle nicht nur in Smartphones und Tablets mit Windows-, Android- und Blackberry-Betriebssystemen unterstützen, sondern auch iPhone und iPads für den Livezugriff bereitstellen.

Welcher CRM-Anbieter?

Prüfen Sie die Marktpräsenz und Marktrelevanz des Herstellers, das heißt, wie lange der CRM-Anbieter bereits auf dem Markt ist. Je länger der Anbieter auf dem Markt präsent ist und je seltener das Unternehmen den Besitzer wechselte, desto besser. Spreu von Weizen trennt sich auch bei den CRM-Anbietern, wenn es um die fristgerechte Erfüllung rechtlicher Neuanforderungen geht. Am Beispiel der EU-DSGVO glänzte z.B. die cobra Software mit all ihren CRM-Editionen am 25.05.2018 mit rechtstüchtigen DSGVO-Funktionen, die sogar anwaltlich zertifiziert sind.

CRM kaufen oder abonnieren bzw. mieten?

Wer die Software kauft und über Softwareaktualisierungsverträge kontinuierlich neue Versionen erhält, kann die Software selbst nach einer Kündigung weiter nutzen – nur nicht mehr updaten. Wer eine abonnierte oder gemietete Software kündigt, verliert meist den Zugriff auf seine Daten. Internationale Hersteller bieten die Softwarelizenzen zunehmend sehr günstig an. Die Folgekosten explodierten dann oft durch extreme Stundensätze jenseits der 170-€-Stundenmarke. Prüfen Sie, ob eine Hotline kostenfrei oder kostenpflichtig angeboten wird und wie Supportleistungen getaktet werden. Landen Sie bei telefonischen Supportanliegen in einem ausländischen Callcenter? In welcher Sprache (denglisch?) wird kommuniziert und wie direkt erreicht man die Supporter ohne vorherige Auswahlmaschinerie? Faustformel: Software wird im Schnitt pro Jahr 3 % teurer.

Welche Systempartner hat der Hersteller?

CRM-Hersteller wissen, dass es zur Anpassung der Kundenwünsche an das CRM-System Partner bedarf, die dies qualifiziert für den Kunden auch vor Ort umsetzen. Üblicherweise werden die Partner in drei Qualitätsstufen unterteilt. Die höchste Stufe wird oft „Premiumpartner" oder „Solutionspartner" genannt. Fordern Sie von diesen Partnern Referenzkunden ein und unterhalten Sie sich mit deren betreuten Kunden. Sie erfahren so aus erster Hand, auf wen Sie sich verlassen können und wer den Servicegedanken *lebt*. Und genau bei diesem Partner kaufen Sie die Software mit dem Updatevertrag, selbst wenn der Hersteller einen Eigenvertrieb unterhalten sollte.

Der Königsweg der CRM-Einführung

Wenn Sie die Fragen aus dem vorigen Kapitel für sich beantwortet haben, steht einer strukturierten Einführung Ihres CRM-Systems mit den folgenden Schritten nichts mehr im Wege.

1. Schritt: Die Präsentation

Lassen Sie sich Ihre Wunschsoftware bei Ihnen präsentieren. Es geht darum zu prüfen, ob die Software passt und wie sympathisch sie auf die Belegschaft wirkt, ob der Präsentator authentisch und glaubwürdig erscheint und ob Erfahrungen mit anderen Unternehmen vorliegen. Gelingt es dem Präsentator, eine emotionale Beziehung zu Ihnen herzustellen? Wie vollständig werden Ihre Fragen beantwortet? Sammeln und werten Sie anschließend die Eindrücke aus. Vielleicht ist eine alternative Präsentation sinnvoll?

2. Schritt: Projektierung und Pflichtenhefterstellung

Wenn Sie sich auf eine Software und ein Betreuungsunternehmen fokussiert haben, laden Sie möglichst viele der künftigen Anwender zur Projektierung Ihrer neuen CRM-Datenbankumgebung ein. Der Betreuer hat die Aufgabe, die Großgruppe so zu führen und zu moderieren, dass am Ende dieses Workshops alle Wünsche zu Daten und Vorgängen in einem strukturierten Datenbankprojektplan als Pflichtenheft aufgelistet sind. Wer erlebt hat, woraus eine Datenbank besteht, wird mit dieser gefundenen Struktur sofort zurechtkommen. Die Software erscheint dann wie ein Spiegelbild des eigenen Unternehmens.

3. Schritt: Das Software- und Dienstleistungsangebot

Aufgrund der erarbeiteten Anforderungen im Pflichtenheft ergibt sich von alleine die Entscheidung für eine Edition, die genau Ihre Aufgaben umsetzen kann. Für Sonderwünsche werden Module, Schnittstellen oder kleinere Individualprogrammierungen benannt. Der Auftraggeber erhält jetzt die Software- und Dienstleistungsangebote zur Beauftragung.

4. Schritt: Die Produktion der CRM-Datenbank und der Maskenansicht

Die passende Datenbank mit Maskenansicht wird meist beim Betreuungsunternehmen erstellt.

5. Schritt: Die Installationsbetreuung

Jetzt ist es Zeit für die Installation. Auf dem Server wird z.B. der SQL-Server als Expressedition (kostenfrei) oder als Vollversion (kostenpflichtig) installiert, genau wie die Systemumgebung. Meist wird das Laufwerksmapping organisiert. Benötigte Zusatzmodule werden installiert und für mobile oder Homeoffice-Zugriffe aufbereitet. Die Programme werden gerne auch per Softwareverteilung auf die (virtuellen) PCs und ggf. auf die Terminalserver installiert. Tablets und Smartphones laden sich über ihre Stores die Mobile-Apps für die Onlinezugriffe von unterwegs. Letztlich werden noch die Datenbank und die Maskenansicht eingeklinkt und das Backup organisiert. Damit ist die Installationsarbeit abgeschlossen.

6. Schritt: Anpassungsarbeiten

Im nächsten Schritt wird die Benutzer- und Rechteverwaltung eingerichtet. Es folgen Anpassungen an das Dokumentenmanagementsystem. Aktiviert werden Auswahllisten, Hilfetexte, Hierarchien, personenbezogene Daten und die DSGVO-Funktionen, Dublettenkontrollen, Sortieroptionen, vCard-Format, Social-Media-Zugriffe, Vertriebsprojekte, Aufgabenlisten und die Zusatzdatenverwaltung. Jetzt erfolgt der Bestandsdatenimport, die Aufbereitung der Daten und die Dublettenbereinigung. Damit per Klick telefoniert werden kann und die Software anzeigt, wer anruft, wird der TAPI-Treiber des Telefonherstellers auf die PCs installiert und in der CRM zugewiesen. Anschließend werden Vorlagen für die E-Mail-Automation genauso erstellt wie die Wordvorlagen für die Einzelbrief- und Serienbriefautomation. Formate für Etiketten, Karteikarten, Listen, Statistiken und die Exportformate werden erstellt. Die Individualprogrammierung und die Schnittstellen zur ERP/Warenwirtschaft, zur Webseite, zur Erlaubniserteilung und zur Anmeldeverwaltung gilt es einzurichten und zu testen. Zumeist sind damit die technischen Arbeiten abgeschlossen.

7. Schritt: Schulungen

Wie ein vollbetankter Wagen mit laufendem Motor wartet nun die Software auf die Anwender. Deren Aufgabe ist es, um im Bilde zu bleiben, den Führerschein zu machen. Der Basisschulung folgen abteilungsbezogene Vorgangsschulungen. Gibt es im Unternehmen sogenannte Power User mit höheren Rechten und Aufgaben zur Datenbankpflege, erhalten diese eine spezielle „Powerschulung". Um das Erlernte zu festigen, bedarf es gerade nach einer CRM-Einführung halbtägiger Workshops mit praktischen Fragen-Antworten-Einheiten. Zu den Schulungen sollte jedem User ein PC oder ein Notebook mit installiertem Datenbankzugriff zur Verfügung stehen. Schwimmen lernt man nur im Wasser, nicht auf dem Trockenen.

8. Schritt: Jährliche Bestandstreffen

Das Beziehungsmanagement unterliegt dauerhaften Änderungen, ganz so, wie sich jedes Unternehmen ständig ändert und ausprobiert. Bei so viel Bewegung ist es ratsam, sich jährlich mit dem CRM-Betreuer zusammenzusetzen und die neuen Anliegen und Aufgaben zu besprechen und diese im Nachgang umzusetzen. Damit schaffen Sie es, den höchstmöglichen Nutzen aus Ihrer CRM-Umgebung zu erzielen. Die Sicherheit im Umgang mit dem Programm und die Zufriedenheit der Belegschaft wachsen so stetig.

9. Schritt: After-Sales-Service

Jeder Anbieter von CRM-Software vertreibt andere Leistungen nach der Einführungsphase. Das Team der cobra Experten GmbH bietet seit Jahrzehnten die folgenden Vorzüge an: Jeder Anwender kann die kostenfreie Anwenderhotline Mo-Fr von 8-17 Uhr nutzen. Technischer Support wird zu Beginn stets pauschal im 15-Minutentakt berechnet, danach minutengenau. Dreimal im Jahr erhalten die Anwender den „CRM Report" mit Tipps und Tricks rund um cobra Software per E-Mail, optisch und inhaltlich gut aufbereitet. Einmal im Jahr wird zum kostenfreien „CRM Morningtalk" geladen, um von den neuesten Produktentwicklungen, Tools und Besonderheiten zu erfahren.

Ein Zitat zum Abschluss

Es gibt ein deftiges Zitat vom technischen Leiter der cobra Experten, Ciros Petridis. In einem Beratungsgespräch hörte er Argumente eines Interessenten, wie sie in den ersten Kapiteln dieses Artikels aufgeführt sind. Irgendwann sagte er: „Werter Herr, ja, das kann man so machen, dann ist es halt nur Kacke." Sie hingegen wissen jetzt, wie Sie CRM rentabel meistern.

© Foto Krimmel

Maria Zimmermann

Seit mehr als 25 Jahren ist Maria Zimmermann in diversen Bereichen der Telekommunikationsbranche tätig. Nach einem abgeschlossenen Studium der Anglistik und Geografie sowie einer Ausbildung zur EDV-Kauffrau begann Maria Zimmermann ihre Karriere bei der Detecon und Deutschen Telekom als kaufmännische Projektleiterin für den Bau von internationaler Telekommunikations-Infrastruktur (Seekabel, terrestrische Weitverkehrsverbindungen).

Ausgewählte Management-Positionen: Leiterin Carrier Relations und Carrier Service, o.tel.o GmbH, Köln; Geschäftsführerin Logica Consulting GmbH, Bonn; Mitglied der Geschäftsführung und Leiterin Vertriebssteuerung, TDF SAS, Montrouge, Frankreich; Leiterin Strategische Projekte und Beraterin der Geschäftsführung, Media Broadcast GmbH

Kernkompetenzen und Berufserfahrung: Change-Management und Reorganisation; Kostenoptimierung; Angebots-Management; Ausgründung/Verkauf von technischen Immobilien und Geschäftsbereichen; Harmonisierung von konzernweiten Prozessen und Reporting-Strukturen; Leitung von multinationalen Teams

Seit Ende 2017 ist Frau Zimmermann zertifizierte Beraterin der Offensive Mittelstand und arbeitet freiberuflich für mittelständische Unternehmen und kommunale Verwaltungen. Sie identifiziert Schwachstellen, erarbeitet Lösungskonzepte und begleitet die reibungslose und nachhaltige Umsetzung. Im Bereich von kommunalen Verwaltungen arbeitet sie an Konzepten zur Verbesserung der Zusammenarbeit mit den Unternehmen im Einzugsbereich der Kommune.

Darüber hinaus ist es ihr ein Anliegen, die Integration/Re-Integration von älteren Arbeitnehmern und Rentnern in den Arbeitsprozess voranzutreiben, zum Nutzen von Wirtschaft und älteren Bürgern.

www.consulere-formare.de
www.beraternettzwerk.de

Rentner gehören nicht mehr zum „alten Eisen"! – Eine Chance für den Mittelstand!

Berufserfahrung versus Berufsanfänger im Wandel

Noch vor wenigen Jahren versuchten sich viele Unternehmen durch Altersteilzeitprogramme und ähnliche Angebote von älteren Mitarbeitern noch vor deren offiziellem Renteneintritt zu trennen und verlegten ihren Schwerpunkt auf die Rekrutierung von jungen Mitarbeitern. In der Zwischenzeit ist hier eine komplette Neuorientierung erkennbar. Unternehmen versuchen, erfahrene, ältere Mitarbeiter zu halten oder als neue Mitarbeiter zu gewinnen.[1] Berufliche Tätigkeit über den Eintritt ins Rentenalter hinaus wird in der Öffentlichkeit und in statistischen Untersuchungen immer häufiger thematisiert und aus unterschiedlichen Perspektiven beleuchtet.

Ein Grund für diese zunehmende Beschäftigung mit älteren Mitbürgern liegt nicht zuletzt in der kontinuierlich alternden Gesellschaft und der steigenden Lebenserwartung. Es steigt nicht nur der Anteil der Bürger über 65 Jahren, der Anteil der über 65-Jährigen, die weiterhin beruflich aktiv bleiben, steigt ebenfalls stetig an. Während 1997 der Anteil der Bürger in Deutschland über 65 Jahre 15,8 % betrug, lag der Anteil dieser Bevölkerungsgruppe im Jahr 2017 bereits bei 21,8 %.[2]

Eine weitere Ursache der stetig steigenden Erwerbstätigkeit von Bürgern im Rentenalter ist sicherlich die zunehmende Altersarmut. In vielen Artikeln zum Thema „Berufstätigkeit im Alter" wird die Altersarmut als wesentlicher Grund für die Berufstätigkeit im Alter mit ca. einem Drittel gehandelt. Die Beleuchtung der Altersarmut und ihrer Konsequenzen wird allerdings nicht Gegenstand dieser Betrachtung sein. Vielmehr sollen wesentliche Hintergründe „freiwilliger" Berufstätigkeit jenseits der 65 aufgezeigt werden. Dieses Phänomen wird für die Bundesrepublik Deutschland betrachtet. Eine europaweite Betrachtung ist sehr komplex, da die Rahmenbedingungen in diesem Raum sehr unterschiedlich sind und einer gesonderten Betrachtung bedürfen.

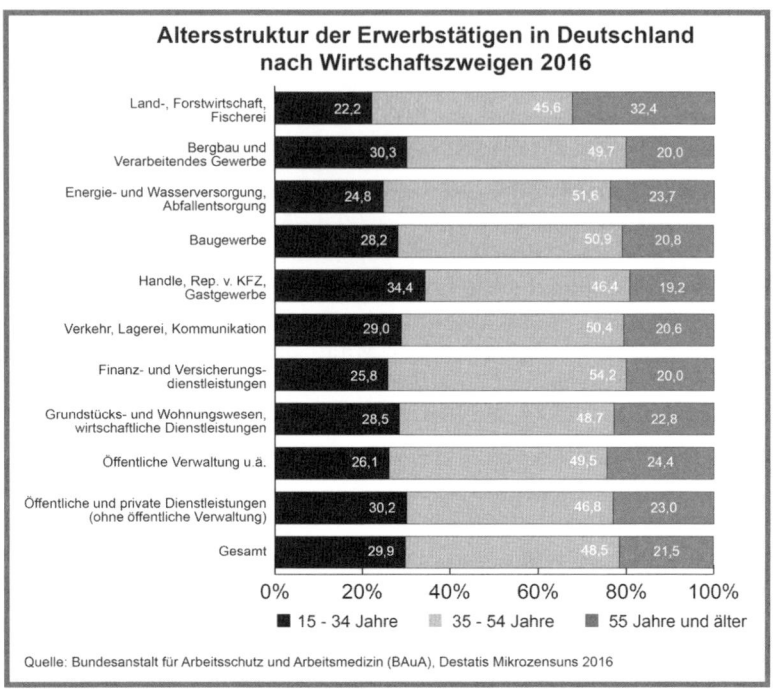

Altersstruktur der Erwerbstätigen in Deutschland nach Wirtschaftszweigen 2016

Wirtschaftszweig	15 - 34 Jahre	35 - 54 Jahre	55 Jahre und älter
Land-, Forstwirtschaft, Fischerei	22,2	45,6	32,4
Bergbau und Verarbeitendes Gewerbe	30,3	49,7	20,0
Energie- und Wasserversorgung, Abfallentsorgung	24,8	51,6	23,7
Baugewerbe	28,2	50,9	20,8
Handle, Rep. v. KFZ, Gastgewerbe	34,4	46,4	19,2
Verkehr, Lagerei, Kommunikation	29,0	50,4	20,6
Finanz- und Versicherungsdienstleistungen	25,8	54,2	20,0
Grundstücks- und Wohnungswesen, wirtschaftliche Dienstleistungen	28,5	48,7	22,8
Öffentliche Verwaltung u.ä.	26,1	49,5	24,4
Öffentliche und private Dienstleistungen (ohne öffentliche Verwaltung)	30,2	46,8	23,0
Gesamt	29,9	48,5	21,5

Quelle: Bundesanstalt für Arbeitsschutz und Arbeitsmedizin (BAuA), Destatis Mikrozensuns 2016

(Quelle: Bundesanstalt für Arbeitsschutz und Arbeitsmedizin (BAuA), Destatis)

Die vorstehende Statistik zeigt, dass die Berufstätigkeit im Alter kein Phänomen weniger Branchen ist, sondern über eine Vielzahl von Branchen hinweg zu finden ist, mit vergleichsweise geringen Abweichungen.

Berufstätigkeit im Alter – ein neuer Trend?

Berufstätigkeit im Rentenalter ist kein neuer Trend. Insbesondere in kleinen und mittelgroßen Handwerksbetrieben arbeiten viele „Chefs" und „Chefinnen" über den Eintritt ins Rentenalter und die Übergabe des Betriebes an Kinder oder Dritte hinaus weiterhin mit. Auch Top-Manager bleiben im Rentenalter als Berater aktiv, nehmen weiterhin Positionen in Aufsichtsräten wahr oder coachen den Management-Nachwuchs.

Die Gründe für die Berufstätigkeit im Rentenalter sind vielfältig:

- Einarbeitung der Nachfolger / des Nachfolgers
- Sicherung einer reibungslosen Übergabe des Betriebes, insbesondere im Hinblick auf die Kundenbindung
- Freude am ausgeübten Beruf, gekoppelt mit dem Wunsch, sich umfassend fit zu halten
- Erhalt des gesellschaftlichen Status und der beruflichen Sozialkontakte durch die Weiterführung der Berufstätigkeit
- Schwierigkeiten, einen Nachfolger für den eigenen Betrieb zu finden

Ältere Erwerbstätige nach Stellung im Beruf

	Alter von - bis	Erwerbstätige[1]	Selbständige[2]	Angestellte
2007	60 - 65	1.455	298	1.125
	65 - 70	394	152	208
	70 - 76	139	58	80
2017	60 - 65	3.094	449	2.628
	65 - 70	752	244	490
	70 - 76	256	104	140

[1] Erwerbstätige in 1.000
[2] ohne mithelfende Angehörige

Erwerbstätigenquote Älterer

	Alter von - bis	Geamt	Männer	Frauen
2007	60 - 65	32,8%	41,1%	24,8%
	65 - 70	7,1%	9,1%	5,2%
	70 - 76	3,3%	4,4%	2,3%
2017	60 - 65	58,1%	63,7%	53,3%
	65 - 70	16,1%	20,2%	12,3%
	70 - 76	7,1%	9,8%	4,8%

(Quelle für beide Abbildungen: Statistisches Bundesamt, Statistisches Jahrbuch 2018, S. 368)

Das Idealbild eines Mitarbeiters/Managers im Wandel

Noch vor zehn Jahren zählten in großen Unternehmen „High Potentials", gut ausgebildete und begabte Absolventen, als der Garant für den unternehmerischen Erfolg. Losgelöst von bewährten Management-Verfahren und Berufserfahrung sollten die High Potentials die Innovation der Unternehmen vorantreiben und so für die Einführung neuer Produkte und Dienstleistungen und in der Folge für ein kontinuierliches Wachstum sorgen. Die deutsche Wirtschaft wollte so das Festhalten an Bewährtem über etliche Jahrzehnte hinweg ablösen.

Dementsprechend wurden die High Potentials früh mit Führungsaufgaben betraut und erfahrene Manager durch junge, ideenreiche Mitarbeiter ersetzt. Unzweifelhaft wurden viele „alte Zöpfe" abgeschnitten, neue Produkte, Dienstleistungen sowie Management-Verfahren definiert und in Unternehmen eingeführt. Der eklatante Unterschied der Produktentwicklungszyklen neuer Branchen wie der IT-, der Internet- oder Mobilfunkbranche zu denen der Autoindustrie (neun Monate versus vier Jahre) sind ein Hinweis auf die hohe Innovationskraft junger Branchen und deren junge Fachkräfte und Manager.

Eine Dominanz von Berufsanfängern, auch wenn sie gut ausgebildet und als High Potentials gelobt werden, bringt allerdings auch Nachteile, möglicherweise sogar Probleme für das jeweilige Unternehmen:

- Junge Mitarbeiter haben keinen ausreichend Einblick in den Status quo des Unternehmens, in dem sie tätig sind.
- Umfangreiche Informationen über bestehende Alleinstellungsmerkmale, Potenziale und Schwachstellen des Unternehmens werden bei der Entwicklung neuer Ideen unzureichend berücksichtigt.
- Das Umfeld, die Rahmenbedingungen des Unternehmens, egal ob man diese für die Erfolgssicherung anpassen oder erhalten muss, sind unzureichend bekannt.
- Die optimistische Sicht auf neue Produkte/Dienstleistungen verstellt den Blick für Machbarkeit und Profitabilität, manchmal sogar die Marktrelevanz.

Als Folge können viele Produkte nicht zur Produktreife geführt werden oder floppen bei der Markteinführung, eine klare Verschwendung von Ressourcen des Unternehmens.

Die volkswirtschaftliche Bedeutung der Berufstätigkeit von Rentnern

Das Umdenken der Unternehmen, hin zu mehr erfahrenen, älteren Mitarbeitern, fällt zusammen mit dem kontinuierlich wachsenden Fachkräftemangel, der immer deutlicher zutage tritt. Anzeichen sind:

- kontinuierliche sinkende Arbeitslosenquote (9,1 % in 2009, 6,3 % in 2017)
- offensive Werbe- und Imagekampagnen der Unternehmen
- kontinuierlich steigende Teilnahme von Unternehmen an Personalmessen
- Implementierung von Personalbindungsprogrammen gewinnt zunehmend an Bedeutung

Handel, Handwerk, Dienstleistungsunternehmen und die öffentliche Verwaltung vermelden den Medien, dass es zunehmend schwieriger wird, qualifizierte Fachkräfte und Auszubildende zu finden. Dabei ist die Auftragslage für alle Unternehmen exzellent. Lange Warte- und Lieferzeiten sind auf den bereits jetzt vorhandenen Personalengpass zurückzuführen. Gerade kleine und mittlere Handwerksbetriebe und Dienstleistungsunternehmen machen sich Sorgen um ihre zukünftige Handlungsfähigkeit. Hinzu kommt der Wettbewerb des Mittelstandes mit großen Unternehmen. Letztere können auf Basis ihrer Größe mit attraktiven Paketen, zusätzlich zum Gehalt (z.B. Lebensarbeitszeitkonten, Werkskindergarten, Betriebsrente, umfangreiche Fortbildungsprogramme), sowie mit festen Arbeitszeiten locken.

Die zunehmende Berufstätigkeit von Rentnern ist eine der Optionen, dem Fachkräftemangel über alle Branchen und Unternehmensgrößen hinweg entgegenzuwirken, auch wenn dies nicht die alleinige Lösungsalternative darstellen kann. Nur im Verbund mit weiteren Maßnahmen kann der Fachkräftemangel behoben werden. Daher suchen die Unternehmen weitere Modelle, mit denen sie die Mitarbeiter zum Verbleib im Unternehmen bewegen können.

Interessen und Ansprüche von Wirtschaft und Rentnern zur Berufstätigkeit im Alter

Eine nicht repräsentative Umfrage im beruflichen und privaten Umfeld der Autorin bestätigt, dass Bürger, die sich im Rentenalter befinden, weiterhin beruflich aktiv sind oder sein möchten. Die überwiegende Zahl der Befragten bewertete die Wirtschaftslage und die Disposition der Unternehmen als äußerst positiv für die Berufstätigkeit älterer Menschen. Auch diese sehen den Fachkräftemangel und das bereits beschriebene Umdenken der Unternehmen im Hinblick auf den Wert älterer Mitarbeiter für das Unternehmen.

Die Motivation der Rentner und Rentnerinnen, nach Erreichen des Rentenalters berufstätig zu bleiben, ist unterschiedlich. Dabei scheint die Erhöhung des Gesamteinkommens nur einer von vielen Gründen zu sein, weiterhin einer Berufstätigkeit nachzugehen.

Sicht der Rentner

Da die verbleibende Lebenserwartung der Rentner insbesondere nach dem Zweiten Weltkrieg deutlich gestiegen ist, möchten viele zum Ende ihrer offiziellen Arbeitszeit noch nicht zum „alten Eisen" gehören. Sie fühlen sich körperlich und geistig fit und

- üben ihren Beruf nach wie vor gerne aus,
- betrachten ihren Beruf als integralen Teil ihres Lebens,
- sehen die Berufstätigkeit als Chance für ein weiterhin erfülltes Leben,
- möchten ihren gesellschaftlichen Status aus dem Berufsleben ins Rentenalter retten,
- möchten sich fit und geistig beweglich halten,
- möchten nützliche Mitglieder der Gesellschaft bleiben,
- möchten neue berufliche Alternativen erleben bzw. ihr Hobby zum Beruf ausbauen.

Beispiel: Mit Eintritt ins Rentenalter hat der Manager eines großen Unternehmens eine komplett neue Karriere aufgebaut. Er machte sein Hobby zum Beruf, belegte Kurse zur Harmonie-Lehre und zum Arrangieren von Musikstücken. Er gründete eine Band für moderne Kirchenmusik und tingelt seit mehreren Jahren erfolgreich durch Kirchen zwischen Ruhr und Main.

In den durchgeführten Interviews wiesen die Gesprächspartner immer wieder darauf hin, dass der Familienverband mit einer Großfamilie und der hierzu gehörenden räumlichen Nähe der Familienmitglieder zunehmend durch die Kleinfamilie ersetzt wurde. Die Kinder sind nicht nur aus dem Haus, sondern wohnen und arbeiten oft weit entfernt. Rentner finden folglich weniger Aufgaben im familiären Umfeld, die die sozialen Kontakte und den Status eines wichtigen Mitglieds der Gesellschaft stützen und ausreichend Beschäftigung und Bestätigung durch das Umfeld bieten. In der Folge möchten Rentner heutzutage die bis zum Beginn des Rentenalters bestehende Rolle in der Gesellschaft durch Berufstätigkeit und Ehrenämter erhalten.

Beispiel: Der ehemalige Manager eines großen mittelständischen Unternehmens ist auch mit 80 Jahren als Coach und Berater für Manager der Branche unterwegs, begleitet die Produktentwicklung mit Plausibilitätschecks. „Mein Sohn hat sich für eine völlig andere Branche entschieden. Berufliche Diskussionen sind selten und die ‚Opa-Rolle‘ beschränkt sich auf gelegentliche Besuche, die mein Leben erfreuen, aber nicht ausfüllen.“

Demnach bleiben die sozialen Kontakte aus dem beruflichen Alltag wünschenswerte und wichtige Bestandteile des sozialen Umfeldes, über den Eintritt ins Rentenalter hinaus. Nur auf die Kleinfamilie als Sozialkontakt zurückgeworfen zu werden, schreckt männliche wie weibliche Rentner.

Eine Statistik des Instituts für Arbeitsmarkt und Berufsforschung (IAB) aus 2018 zeigt, dass der Schwerpunkt der berufstätigen Rentner eher im Segment der Gutsituierten liegt und somit hier nicht auf Vermeidung von Altersarmut zurückzuführen ist. Ein Grund für deren berufliches Engagement ist, dass sich bei einem aus der Rente gesicherten Grundeinkommen ältere Fachkräfte und Manager auch den Schritt in die Freiberuflichkeit zutrauen. 2017 waren ca. 19 % aller Erwerbstätigen zwischen 60 und 76 Jahren freiberuflich tätig.

Angebote der Unternehmen

Die vorstehend aufgeführten Vorstellungen von einer Berufstätigkeit im Alter können von den Unternehmen in der Regel gut umgesetzt werden, sie laufen konform zum Fachkräfte- und Managermangel. Eine Herausforderung für die Unternehmen ist jedoch häufig die von vielen Rentnern geforderte zeitliche Flexibilität. Sie erwarten auch bei einer Weiterführung der Berufstätigkeit mehr Raum für Freizeitaktivitäten und somit in der Regel einen reduzierten Zeitaufwand für die berufliche Tätigkeit. Unternehmen ist an Planungssicherheit und Flexibilität für das Unternehmen gelegen.

Wie bereits beschrieben, wird die Berufstätigkeit von Rentnern von allen Beteiligten (Wirtschaft und Rentnern) durchweg positiv gesehen. Nur wenige Unternehmen insistieren auf einem starren Rentenalter und sehen ältere Mitarbeiter überwiegend als Belastung für das Unternehmen (z.B. relativ hohe Gehälter ohne zugehörigen Mehrwert, häufige krankheitsbedingte Ausfälle). Trotzdem sind die Anforderungen und Rahmenbedingungen von Rentnern und Unternehmen für eine Zusammenarbeit nicht zwangsläufig deckungsgleich. Daher ist es wichtig, die unterschiedliche Vorstellung von Unternehmen, die händeringend Fachkräfte suchen, und Rentnern, die weiter berufstätig bleiben möchten, durch geeignete Modelle zusammenzubringen.

Dabei stehen den Unternehmen unterschiedliche Varianten zur Verfügung, ältere Fachkräfte und Manager für ihr Unternehmen zu gewinnen/ zu halten:

- Weiterbeschäftigung von Mitarbeitern über das Rentenalter hinaus
- Rekrutierung von älteren Fachkräften und Managern bzw. solchen, die gerade ins Rentenalter eingetreten sind, aus Wettbewerbsunternehmen
- gezielte Analyse von Initiativbewerbungen älterer Fachkräfte sowie Empfehlungen aus der Branche

Für die Tätigkeit von älteren, erfahrenen Fachkräften und Managern, über den Eintritt ins Rentenalter hinaus, stehen den Unternehmen unterschiedliche Modelle zur Verfügung, ihr Unternehmen für ältere Fachkräfte und Manager attraktiv zu gestalten. Dabei spielt nicht nur die Entscheidung der freiberuflichen oder abhängigen Beschäftigung eine Rolle. Die Unternehmen müssen Angebote über den zeitlichen Einsatzrahmen, das Arbeitsvolumen und einen flexiblen Arbeitseinsatz offerieren, um für ältere Arbeitnehmer attraktiv zu sein.

Zeitlicher Einsatzrahmen:

- Weiterbeschäftigung als angestellter Mitarbeiter in Vollzeit oder Teilzeit mit Eintritt über das Rentenalter hinaus

- Beschäftigung in einem Minijob nach Eintritt ins Rentenalter
- projektbezogener Einsatz mit definiertem Anfang und Ende (mit Option der Wiederholung)
- befristete Beschäftigung als Interims-Manager

Flexibilität des Arbeitseinsatzes:

- reduzierte Arbeitszeit
- definierte Arbeitsblöcke (bei projektorientierter Tätigkeit)
- Arbeit in Abhängigkeit von einer vereinbarten Zielerreichung (Umsatz, Anzahl Vertragsabschlüsse)

Beispiel: Ein renommiertes Küchenstudio sicherte sich die Mitarbeit eines äußerst erfolgreichen Verkäufers, indem man mit ihm einen zu erreichenden Umsatz pro Jahr vereinbarte. Die Terminplanung und den Arbeitsaufwand überließ das Unternehmen dem Mitarbeiter, ein Erfolgsmodell für beide Vertragspartner.

In der Sendung ‚mittagsmagazin‘ des ZDF vom 27.11.2018 wird über weitere Maßnahmen/Angebote von Unternehmen berichtet. Sie helfen zum Beispiel älteren Mitarbeitern im Betrieb, sich gesundheitlich fit zu halten. Sie dienen aber auch als interessanter Anziehungspunkt für die Rekrutierung neuer Fachkräfte, egal ob alt oder jung:

- Fortbildungsangebote
- Bereitstellung von ergonomisch optimierten Arbeitsplätzen in Produktion und Verwaltung
- eigenes Fitnessstudio
- medizinische Checks und Behandlungen auf Kosten des Unternehmens

Ungeachtet der in diesem Dokument beschriebenen Entwicklung, ältere, erfahrene Mitarbeiter über den Beginn des Rentenalters hinaus an das Unternehmen zu binden, gibt es immer noch Unternehmen, die ihre Mitarbeiter weiterhin mit dem Eintritt ins Rentenalter verabschieden oder sich mit Abfindungsregelungen um die 60 Jahre verabschieden. Sofern diese Mitarbeiter nicht mithilfe der Bundesarbeitsagentur eine kurze Zeit bis zur Rente überbrücken können, entscheiden sich viele für die Selbstständigkeit, mehr „geschoben" als freiwillig entschieden. Sie ziehen eine Selbstständigkeit der langwierigen Suche nach einem Angestelltenverhältnis vor.

Perspektive eines Personalberatungs-Unternehmens[3]

Der Fachkräftemangel ist bereits seit vielen Jahren bekannt und resultiert nicht zuletzt daraus, dass man sich diesem Thema erst annimmt, wenn es bereits zu spät ist. Aber besser heute starten als gar nicht.

Nehmen wir uns einen Aspekt heraus, den Einsatz von Führungs- und Fachkräften im Rentenalter. Dieses Thema wird in der Wirtschaft kontrovers diskutiert. Auf der einen Seite die Befürworter, die das Erfahrungswissen der älteren Generation für sehr wertvoll halten, auf der anderen Seite die Mahner, die unter dem Hinweis eines sich rasant verändernden digitalisierten Wirtschaftsumfeldes den Senioren die erforderliche Flexibilität und Anpassungsfähigkeit absprechen. Wie so oft liegt die Wahrheit irgendwo in der Mitte.

Daher gilt es, das Thema differenzierter zu beleuchten, in welchen Fällen die betagte Workforce sinnvoll einsetzbar ist und in welchen Fällen weniger. Personalberatungen haben in den letzten Jahren folgende typische Einsatzmöglichkeiten für ältere Fach- und Führungskräfte herauskristallisiert:

- Interimsmanagement, d.h. als Übergangslösung vor der Neubesetzung einer Position
- Einsatz in Projekten als Know-how-Lieferant (z.B. Einführung eines ERP-Systems)
- Technologie-Transfer, z.B. zeitlich befristeter Einsatz im Ausland (Beispiel: Aufbau einer Produktion in China)
- Coaching-Aufgaben zur Einarbeitung neuer Führungskräfte

Äußerst selten werden ältere Führungskräfte genutzt bei „modernen" Themen wie Digitalisierung, Einführung agiler Strukturen oder Business Transformation. Hierbei wird wie oben erwähnt unterstellt, dass ältere Menschen weniger veränderungswillig und flexibel sind als jüngere. Dieses vorschnelle Urteil unterliegt einem kapitalen Denkfehler. Denn: Innovation und Erfahrungswissen sind die zwei Zutaten zur Sicherung des langfristigen Unternehmenserfolges.

Jedes Unternehmen hat eine Geschichte, eine Kultur und einen „Charakter", die Basis des vergangenen Erfolges sind. Jeder Veränderungsprozess muss genau diese Faktoren würdigen und berücksichtigen, damit das Unternehmen erfolgreich einen neuen Weg einschlagen kann. Veränderung ist kein Selbstzweck, sondern das Mittel, auch in Zukunft wettbewerbsfähig zu sein. Die Stärken des Unternehmens sind Basis für eine erfolgreiche Veränderung. Ältere Menschen können genau diese Erfahrung und das Wissen einbringen, um den erfolgreichen Brückenschlag von der Tradition in die Moderne zu ermöglichen.

Literaturverzeichnis / Leseliste

Die wesentliche Basis der Inhalte des vorliegenden Artikels sind Gespräche mit Betroffenen (Menschen im Rentenalter, Arbeitskollegen aus unterschiedlichen Unternehmen, in denen die Autorin tätig war).

Fußnoten

1   siehe hierzu auch: Beitrag des ZDF Mittagsmagazins vom 27.11.2018, 13.00 – 14.00 Uhr, Minute 22 bis 26, https://www.zdf.de/nachrichten/zdf-mittagsmagazin/zdf-mittagsmagazin-vom-27-november-2018-100.html [18.2.2019]

2   Quelle: Statistica.com IM FOKUS Erwerbstätigkeit älterer Menschen nimmt immer weiter zu, 18.10.2018, www.destatis.de/DE/ZahlenFakten/ImFokus/Arbeitsmarkt/ErwerbstaetigkeitAlter.html

3   Fachbeitrag von Lothar Grünewald, Grünewald Consulting GmbH, Merscheider Straße 3, 42699 Solingen

Beiträge zum Thema

Focus Money Online, mh: Arbeiten im Alter – Darum gibt es immer mehr erwerbstätige Senioren. In: Focus Money Online, 12.07.2017, https://www.focus.de/finanzen/karriere/arbeiten-im-alter-darum-gibt-es-immer-mehr-erwerbstaetige-senioren_id_7347505.html [18.2.19]

Zeit Online, dpa, as: Rente – Zahl der arbeitenden Senioren steigt. In: Zeit Online, 18.10.2018, https://www.zeit.de/gesellschaft/2018-10/senioren-arbeit-statistik-anstieg-rente [18.2.19]

Felicitas Wilke: Arbeit im Alter, Eigentlich sollten sie jetzt ausschlafen. In: Zeit Online, Arbeit, 27.07.2018, https://www.zeit.de/arbeit/2018-07/arbeit-alter-altersarmut-ruhestand-erwerbstaetigkeit [18.2.19]

Eva Neuthinger, Cornelia Hefer: Wie Chefs Rentner aktiv im Job halten. In: handwerk magazin, 25.01.2018, https://www.handwerk-magazin.de/rentner-aktiv-im-job-halten/150/342/361533 [18.2.19]

Tobias Hanraths: Trendwende, Wer im Alter noch arbeitet – und warum. In: Karriere SPIEGEL, Spiegel Online, 13.07.2017, http://www.spiegel.de/forum/karriere [18.2.19]

Christine Haas: Darum suchen sich Deutschlands reiche Rentner einen Job. In: Welt, Wirtschaft, 17.10.2018, https://www.welt.de/wirtschaft/article182200596/Arbeit-im-Alter-Reiche-Rentner-arbeiten-am-haeufigsten.html [18.2.19]

Katharina Daniels, Manfred Engeser, Jens Hollmann: Sieg der Silberrücken: Beruflicher Richtungswechsel in der Lebensmitte. 1. Auflage, Linde Verlag: Wien 2013

Simone Scherger, Claudia Vogel: Arbeit im Alter: Zur Bedeutung bezahlter und unbezahlter Tätigkeiten in der Lebensphase Ruhestand (Altern & Gesellschaft), 1. Auflage, Springer VS: Wiesbaden 2018

© Jutta Stegers

Nico Zinndorf

Als Jugendlicher in Solingen aufgewachsen, wurde er schnell mit unternehmerischen Umbrüchen in der Stahlwarenindustrie vertraut. Er absolvierte eine Lehre als Chemielaborant und daran anschließend ein Studium zum Diplom-Chemie-Ingenieur. Bereits früh mit internationalen Aufgaben und mit indirekter Führung in einem DAX-30-Unternehmen betraut, entschloss er sich zu einem ergänzenden Studium zum Diplom-Kaufmann (FH).

Im Jahr 2009 vollzog er den Wechsel zum Inhouse-Consulting im Bereich Produktion und Logistik eines der drei größten deutschen Discounter. Nach diversen Beratungsaufträgen in Produktion, Projektierung und Geschäftsprozessen von Kunststoffen, Onlinehandel und Schokoladenproduktion machte er sich im Jahr 2013 selbstständig.

Heute blickt er zurück auf fast 25 Jahre Expertise im Bereich Supply Chain Management im Konsumgüterumfeld.

Neben schlanken Prozessen in Beschaffung, Produktion & Logistik für mittelständische und große Unternehmen arbeitet er heute auch in seinem 2. Standbein intensiv mit Inhabern und Geschäftsführern von kleinen und mittelständischen Unternehmen (KMU) im Bereich der Gesundheitsdienstleistungen und des Handels an Konzepten zur Stabilisierung und Fortführung des Betriebs oder an der Vorbereitung des Unternehmensverkaufs.

Er ist Mitglied des beraternettzwerk.de, ist Autorisierter Berater Offensive Mittelstand, AKKu-Multiplikator und ausgebildet an den Tools der Arbeitszeitbox und der Potenzialberatung NRW.

www.zinndorf-mittelstand.de
www.zinndorf.de

Schlanke Prozesse im Mittelstand bleiben auch im digitalen Zeitalter Treiber für Profitabilität und Innovation

Der deutsche Mittelstand wird immer wieder für seine nicht enden wollende Innovationskraft, seine herausragenden Marktführer und seine vorbildlichen Inhaberpersönlichkeiten gelobt. Zu Recht, denn trotz der Präsenz, der in der öffentlichen Diskussion den Großunternehmen eingeräumt wird, sind über 99 % der Unternehmen mit mehr als 61 % der Mitarbeiterinnen und Mitarbeiter[1] klassische kleine und mittelständische Unternehmen (KMU). Und diese Unternehmen bilden mit dieser Macht das Rückgrat der deutschen Wirtschaft.

Doch viele Potenziale bleiben ungenutzt, da nicht in allen Unternehmen ein ausreichendes Bewusstsein herrscht, wie die eigene Position noch entscheidend gestärkt werden kann. Seit Jahrzehnten in Konzernen etablierte Modelle zu schlanken Prozessen und effizientem Arbeiten müssen im Mittelstand nicht nur gelegentlich genutzt, sondern dauerhaft gelebt werden.

Der Anspruch an moderne Unternehmensführung

Ein wesentlicher Hinderungsgrund für erfolgreiche Umsetzungen im Unternehmen sind jedoch – ohne sich dessen bewusst zu sein – manche Inhaber selbst. Wer ein Unternehmen von einer oder mehreren Vorgängergenerationen übernommen hat, blickt auf einen Gründer zurück, der in den meisten Fällen auch tatsächlich eine überragende Produktidee oder eine Dienstleistung geboten hat, die absolut konkurrenzlos war. Der Wert dieser ehemaligen Alleinstellungsmerkmale ist aber nicht mit einer Ewigkeitsgarantie ausgestattet. Informationen zu Herstellprozessen oder dem Inhalt einer Dienstleistung lassen sich heute, vor allem nach Ablauf entsprechender Patente, leicht beschaffen und nachstellen.

Die ursprüngliche Idee, die Basis für das Unternehmen, verlangt nach einer Anpassung an geänderte Herausforderungen. Sich immer weiter entwickelnde Kunden und Märkte fragen auch veränderte Produkte und

---

1   Website der Offensive Mittelstand, www.offensive-mittelstand.de vom 28.11.2018

Dienstleistungen nach. Sie werden durch ein massiv ausgeweitetes Angebot und internationale Verfügbarkeit von Informationen und kurze Reaktionszeiten der Märkte hervorragend bedient. Es gilt, eine ständige Analyse der Vorgänge am Markt durchzuführen und Veränderungen wahrzunehmen, neue Produkte und Dienstleistungen anbieten oder Bestehendes so zu perfektionieren, dass das Angebot sich deutlich von anderen Anbietern abhebt.

Zusätzlich müssen wir uns einer außergewöhnlichen Herausforderung bei der Mitarbeitergewinnung und -bindung und dem Erhalt von Knowhow und Weiterentwicklung von Fachkräften bewusst sein. Einer jungen Generation mit einer ausgeprägteren Balance zwischen Arbeit und Freizeit steht eine ältere Generation gegenüber, die sich mit technologischen Entwicklungen auseinandersetzen muss, die hohe Anpassungsfähigkeit erfordern. Zusätzlich integrieren wir mehr und mehr Menschen aus den unterschiedlichsten Kulturkreisen in unsere Arbeitswelt. Diese Diversität verlangt nach Leitbildern, Visionen und Werten, die sowohl richtungsweisend für die Gestaltung des Unternehmens, aber auch immanent wichtig für den Zusammenhalt der Gesellschaft sind.

Das ausschließliche Festhalten an Erlerntem birgt für die Inhaber hohe Risiken. Wer sich nicht mit der Entwicklung der Konkurrenz auseinandersetzt, muss sich bewusst sein, dass ihn die Wettbewerber überholen werden, die flexibel, strukturiert und schnell auf diese Herausforderungen reagieren.

Der Anspruch an den Unternehmer kann also nicht darin bestehen, die einstigen Erfolge ständig zu wiederholen. Vielmehr ist die Anpassung an veränderte Kundenwünsche und eine modernere Gesellschaft die Hauptaufgabe einer Unternehmensführung.

Strategische Richtung und operative Ziele

Wenn sich nun die äußeren Einflüsse ändern, müssen wir uns die Frage stellen, ob die Reaktion darauf auch zwangsläufig zu einer Anpassung der Vision, des Leitbilds des Unternehmens und der Ziele führt.

Diese Reflexion ist auf den unterschiedlichen Ebenen verschieden zu beantworten. Dass ein verändertes Angebot an Produkten und Dienstleistungen zu anderen Umsätzen, Ergebnissen und Produktivitätserwartungen führen kann und daraus auch zu veränderten operativen Zielen, ist noch recht trivial.

Die nächsthöhere Ebene des Leitbilds erfährt Anpassung dann, wenn auch andere technologische, digitale, fachliche Änderungen notwendig werden, um den strategischen Weichenstellungen zu folgen.

Eine Änderung der Vision hingegen ist ein so elementarer Schritt, dass er nur dann geboten ist, wenn sich ein radikal anderes Geschäftskonzept oder eine signifikante Umwälzung ergibt, die mit der bisher aufgestellten Vision nicht mehr zu erreichen ist.

Diese Änderungen bedingen auch ein bestimmtes Bewusstsein der Unternehmensführung. Ein geschäftsführender Gesellschafter oder Inhaber steht in diesem Moment auch ganz persönlich vor der Herausforderung, sich vom Anbieter einer Dienstleistung oder eines Produkts zum Lenker und Vordenker und einer – im wahrsten Sinne des Wortes – Führungskraft zu entwickeln, die ganz grundsätzliche Vorgaben definiert.

Somit stehen Markenkern und Unternehmenskultur im Mittelpunkt des unternehmerischen Handelns.

Der Rollenwechsel zum modernen Unternehmenslenker

Diese Handlungsweise, die garantiert, dass sich ein Unternehmen stetig entwickelt und adaptiert und damit vital und kundenorientiert bleibt, hat für den Unternehmer, der sich selbst als Dreh- und Angelpunkt des Unternehmens definiert, einen entscheidenden Haken. Durch veränderte Nachfrage und neue Technologien werden Innovationen vorangetrieben, die ebenfalls die Rolle des Unternehmers als desjenigen infrage stellen, der die Abläufe, Prozesse und Herstellungsmethoden in seinem Haus am besten kennt.

Dieser muss lernen, dass er selbst nicht mehr im Zentrum des Wissens der Firma steht, sondern dass sich neue Technologien und Entwicklungen besser von internen oder externen Fachkräften entwickeln, steuern und abbilden lassen.

Die Überwindung dieser Fokussierung auf Einzelpersonen kann an anderer Stelle in der Firma ungeahnte Energien freisetzen. Mitarbeiterinnen und Mitarbeiter mit besonderer Einsatzbereitschaft und außergewöhnlichen Ideen können sich durch die gewährten Freiheiten besser einbringen. Wer Fachkräfte finden oder an sich binden will, muss auch bereit sein, ihnen Aufgaben anzubieten, die sie herausfordern, die sie begeistern.

Diese Einstellung auf beiden Seiten ist einer der wichtigsten nicht-monetären Erfolgsfaktoren. Sie eröffnet den Arbeitern und Angestellten ein partnerschaftliches Umfeld und stellt den Menschen als kreatives Element in den Mittelpunkt des Unternehmens. Dieser Effekt lässt sich messen und nachweisen. So wird die Motivationsmöglichkeit zur verantwortungsvollen Führung eines Projekts oder einer Arbeitsgruppe deutlich weniger genutzt als die Erhöhung des Basis-Gehalts oder einer einmaligen ergebnisabhängigen Vergütung, stellt sich aber als effektiver heraus als die monetären Anreize.[2]

Die Abschaffung der zentralistischen Führung[3] ist kein Weg zur Anarchie, sondern festigt im Gegenteil die Position des Unternehmers als moderne Führungskraft. Neue Abläufe und Prozesse, neue Fertigungsstrategien müssen kontrolliert und dokumentiert werden. Aus Innovation entsteht nicht nur eine andere Art der Wertschöpfung, sondern es müssen auch neue Kern- und Teilprozesse abgebildet werden. Diese Aufgabe eines tradierten Führungsverständnisses bietet auch erhebliches Entwicklungspotenzial für das Unternehmen selbst. Inhaber und Führungskräfte können frei von althergebrachten Denkmustern neue Potenziale entdecken.

Die Tätigkeiten der Führungsebene wandeln sich also vom Wissensträger zum Wissensorganisator. Dies ist in gewisser Weise eine Reduktion des Aufgabenumfangs, ein Abgeben von Detailentwicklung in andere Hände. Umso wichtiger wird die koordinative Aufgabe, die entstehenden Veränderungsprozesse als Prozessabläufe zu verstehen, die zu steuern sind und die auf das Leitbild und die Ziele abzustimmen sind.

Struktur und Übersicht

Bei der Beobachtung des Unternehmerumfelds im deutschen Mittelstand ist es erstaunlich festzustellen, wie häufig schon recht alte und in Vor-

---

2   Martin Dewhurst, Matthew Guthridge, and Elizabeth Mohr, Motivating people: Getting beyond money. McKinsey Quarterly, November 2009, S. 2

3   Werner E. Thum, Michael Semmler: Kundenwert in Banken und Sparkassen. Wie Berater Ertragspotenziale erkennen und ausschöpfen. Wiesbaden 2003, S. 59, Egbert Deekeling, Olaf Arndt: CEO-Kommunikation. Strategien für Spitzenmanager. Frankfurt a.M, / New York 2006, S. 123

reiterindustrien etablierte Methoden und Werkzeuge zur Strukturierung nicht mehr angewendet werden oder zu reinen Schlagworten verkommen. Der Begriff der „Schlanken Prozesse", von Lean Production und Lean Management, der bereits seinen Ursprung vor über 50 Jahren in den Toyota-Prinzipien gefunden hat, wird häufig als reiner Methodenkoffer gesehen, der zum Baustein einer reinen Produktivitätssteigerung reduziert wird, oder er wird als Management-Begriff von bestimmten Industrien, wie der Automobil- und Maschinenbauindustrie, missverstanden.[4]

Lassen Sie uns einen Schritt zurücktreten, auf die Fachvokabeln wie „Kaizen", „5S", „Go Gemba" etc. verzichten und zur Frage vordringen, worum es bei der Analyse und Gestaltung von Prozessen wirklich geht.

Wer den Schritt zu einer Definition von Visionen, Leitbildern und Zielen schon vollzogen hat, der wird auch dafür Sorge tragen müssen, dass das tägliche Handeln mit diesen Zielen im Einklang steht und dass der Fokus auf die Vision nicht verloren geht. Dazu bedarf es eines klaren Verständnisses der Kernprozesse, die den Geschäftszweck der Unternehmung erfüllen.

Ab einer bestimmten Größe der Organisation und der Anzahl der beteiligten Mitarbeiterinnen und Mitarbeiter wird es für die Unternehmensleitung zunehmend schwieriger, die effiziente Abwicklung aller bisher üblichen und einst vereinbarten Teilprozesse in jedem Detail zu kontrollieren. Zugleich ergeben sich durch die Reaktion auf tägliche Herausforderungen und kleinere Störungen im Berufsalltag Abweichung von Vorgaben und Standards.

Vor allem an abteilungsübergreifenden Schnittstellen entstehen Reibungsverluste, wenn sich einseitig vorgenommene Änderungen störend auf den Gesamtablauf auswirken. So schleicht sich unbemerkt die „Inseloptimierung" ein, Änderungen einzelner Personen oder Abteilungen an vereinbarten Prozessen, um für sich selber eine angenehme, weil weniger arbeitsintensive Anpassung der Tätigkeiten zu erreichen. Dies geschieht häufig nicht einmal in negativer Absicht gegenüber anderen Beteiligten, wirkt sich aber in letzter Konsequenz auf die Gesamteffizienz und -produktivität aus.

---

4 Deryl Sturdevant, (Still) learning from Toyota. McKinsey Quarterly, Februar 2014, S.1

Ohne System, das solche Entwicklungen frühzeitig erkennt und gegensteuert, dauert es eine gewisse Zeit, bis diese Probleme sichtbar werden. Häufig entlädt sich das in Planungsdefiziten, mangelnder Materialbereitstellung, Verwerfungen in falsch zugeordneten Personalkapazitäten oder Lieferengpässen. Wenn diese Strukturen sich in mehreren Teilprozessen unkontrolliert etabliert haben, wird es komplex, diese Ineffizienzen wieder aufzulösen.

Diese Entwicklung beleuchtend, wird schnell klar, dass sich solche Brüche nur entwickeln können, weil Vereinbarungen nicht eingehalten werden. Aber wurden diese Vereinbarungen auch jemals getroffen? Eine Frage, die auf den ersten Blick verwundert, denn haben wir nicht in allen beteiligten Abteilungen und auf der Ebene der Unternehmensführung Entscheider, die bestimmen, wie bestimmte Tätigkeiten auszuführen sind? Die Diskrepanz liegt in der Form der Vereinbarung. Prozesse und Abläufe, die nicht dokumentiert, verschriftlicht und visualisiert sind, haben keine Chance, eingehalten zu werden. Darüber hinaus ist es ebenso unmöglich, frühzeitig kleinere und größere Abweichungen zu erkennen, die zu Schnittstellenproblemen führen. Zusätzlich erschwert ein Fehlen verbindlicher Vereinbarungen auch die Möglichkeit einer strukturierten Bewertung von Vorschlägen zur Änderung von Prozessschritten oder ganzen Teilprozessen.

Widerspricht die Forderung nach verbindlichen, dokumentierten Abläufen und Prozessen nicht dem vorherigen Ruf nach dem modernen Unternehmenslenker, der nicht alles im Detail selbst bestimmen soll? Jetzt kommen wir zum Kern dessen, was eine moderne Führungskultur und ein vitales, adaptives Unternehmen ausmacht. Der Verzicht auf Verbindlichkeit endet in Unstrukturiertheit und letztlich wirtschaftlichen Auswirkungen. Aber die Strukturierung und Veränderung gehört in die Hände derer, die diesen Prozessen alltäglich unterworfen sind, die jeden Tag auch unter Ineffizienzen von Prozessen und mangelnder Abstimmung leiden.

Die Verschwendung bewerten

Eine Veränderung muss erlaubt und erlebbar sein, sie muss aber auch bewertbar sein und ihre Auswirkungen müssen für den gesamten Ablauf transparent bleiben. Die Entscheidung wiederum, welche der angefragten Abwandlungen an den ursprünglichen Vereinbarungen durchgeführt werden, ist die eigentliche Führungsaufgabe; eine Beurteilung, die sich an Zahlen, Daten und Fakten orientiert und nicht an einem gefühlten Fortschritt.

Die gemeinsame Festlegung von Abläufen und Prozessen und deren Dokumentation geschieht am besten durch geeignete Koordinatoren im Betrieb. Die Verschriftlichung kann selbstverständlich durch einfache Text-, Tabellen- und Präsentationssoftware erfolgen, die in jeder Firma verfügbar ist. Noch klarer und besser zu verstehen wird die optische Hervorhebung von Prozessabläufen und Zusammenhängen mit darauf spezialisierten Software-Produkten, wie z.B. Microsoft Visio® Professional oder viflow 6 gold®.

Dieser Aufwand sollte im Sinne der Effizienz wiederum nur von einer definierten Anzahl von Mitarbeitern betrieben werden. Eine Dokumentation von Veränderungen durch Ideengeber funktioniert neben der Anwendung von Software mithilfe von Verbesserungsexperten. Der Zeitaufwand sollte so gering wie möglich gestaltet werden, gerne kurz und knapp, aber verbindlich. Wer der Ansicht ist, dass dieses Vorgehen zu aufwendig und zu teuer ist, der muss konsequenterweise nachweisen, dass die wirtschaftlichen Schäden durch Ineffizienz geringer sind.

Bei einem gedachten oder tatsächlich durchgeführten Rundgang durch den Betrieb fallen schnell Defizite auf, die allgemein als „Verschwendung" bezeichnet werden und die zu gesteigerten Kosten und Produktivitätsproblemen führen. Überall dort, wo Mitarbeiter auf die Fertigstellung anderer Teilprozesse warten, wo Materialien im Weg stehen und ungeklärte Bestände auftauchen, wo sich Kolleginnen und Kollegen auf die Suche nach einem Werkzeug oder Ersatzteil begeben, treffen Sie auf eine der sieben Verschwendungsarten Transport, Bestände, Bewegung, Warten, Überproduktion, falsche Prozesse bzw. Technologien und Ausschuss oder Nacharbeit. Durch jedes einzelne dieser Phänomene wird, bildlich gesprochen, ein Sandkorn in das Getriebe der Wertschöpfung gestreut.

Marktentwicklung und Digitalisierung

Bisher haben wir aber nur von den aktuellen oder lange etablierten Prozessen im Unternehmen gesprochen und uns noch gar nicht mit den Innovationen und Disruptionen der heutigen digitalisierten Welt befasst. Waren die bisherigen Fragestellungen hauptsächlich von organisatorischen Aspekten und verändertem Führungsverhalten geprägt, wenden wir uns nun viel komplexeren Themen zu. Die wenigsten Inhaber werden sich bereits zu Beginn ihres Berufslebens mit Antworten auf ein digitalisiertes Umfeld befasst haben und selbst Experten für Digitalisierung sein. Spätestens hier wird klar, dass der eigene Blick auf die digitalen Veränderungen des Geschäftsmodells nicht mehr ausreicht.

Durch internen Einsatz von Messpunkten und Sensoren oder externen Einsatz von Datenloggern werden mittlerweile Informationen in Qualität und Quantität verfügbar, die verwaltet und ausgewertet werden wollen.[5] Die Beherrschbarkeit dieser schier unübersichtlichen Informationsflut verlangt Disziplin in der Auswertung und eine Abwägung, wie die Datenmengen verdichtet werden können und daraus noch deren Effekt auf die Unternehmensziele abgeleitet werden kann.

Neben den nicht abzustreitenden Vorteilen der digitalisierten Prozesse ist aber auch hier eine konsequente Transparenz der Kosten-/Nutzen-Effekte notwendig. Das technologisch Machbare hat seinen Preis und die Auswirkung dieser Investitionen auf das Unternehmensergebnis kann schnell relevante Ausmaße annehmen.

Interne und externe Expertise

Zusammengefasst haben wir ein ganzes Bündel an notwendigen Steuerungselementen beleuchtet. Wir haben die Dimensionen Strategie, Führung, Markt & Kunde, Organisation, Unternehmenskultur, Personal, Produktions- & Leistungsprozess und Innovation angesprochen. Dies alles sind Teilaspekte eines gesunden Unternehmens, die Sie als Führungskraft im Mittelstand selbst durch die Durchführung des Unternehmenschecks „Guter Mittelstand" analysieren können.[6] Autorisierte Berater hierzu oder zu einer der vielen anderen Möglichkeiten, sich als Mittelständler zu aktuellen Fragestellungen der Unternehmensentwicklung be-

---

5   Dr. Stefan Penthin, Lean 4.0 – Schlank durch Digitalisierung, in https://www.bearingpoint.com/de-de/unser-erfolg/insights/lean-40-schlank-durch-digitalisierung, 03.02.2019

6   Website der Offensive Mittelstand, https://www.offensive-mittelstand.de/fileadmin/user_upload/pdf/check-mittelstand.pdf, vom 03.02.2019

gleiten zu lassen, stehen Ihnen in ausreichender Anzahl zur Verfügung.[7]

Durch den Start eines Projekts mithilfe externer Expertise sind Sie gleichzeitig in der Lage, einen Multiplikationseffekt in die Belegschaft hinein anzustoßen. Die von außen mitgebrachten und vorgestellten Tools und Werkzeuge können durch interne Experten an die eigenen Abläufe angepasst und weiterentwickelt werden.

Der „Chef" schafft sich ab und der „Lenker" macht sich unverzichtbar

Die Abkehr vom tradierten Handeln eines patriarchalischen Chefs kann mit einem gefühlten Machtverlust einhergehen. Dies ist aber tatsächlich nur ein Gefühl und kein messbares Steuerungsinstrument. Der Gewinn an Loyalität und Motivation der Mitarbeiter durch Übertragung von Verantwortung, auch auf andere Hierarchieebenen, der gesteigerte Selbstwert und der bewusste Umgang mit den Ressourcen des Unternehmens durch Einbeziehung aller sind aber konkret messbare Effekte.

Als Unternehmenslenker hat man den unschätzbaren Vorteil, die Schlagworte „agil", „digital", „Scrum" nicht alle beherrschen zu müssen, nicht die „schlanken Prozesse" alle im Detail selbst beherrschen und dokumentieren zu müssen, und weiterhin die Freiheit, die Ergebnisse zu bewerten und den Einsatz der angebotenen Instrumente zu steuern. Die Führungskraft der Zukunft muss Ziele messbar machen, die Erfolgskontrolle durchführen und Anpassungen an das Wettbewerbsumfeld koordinieren.[8]

Sie entscheiden, wo die Digitalisierung von Prozessen und Abläufen gleichzeitig den größten Einfluss auf den Unternehmenserfolg hat.

Viel Erfolg beim Aufbruch in das digitale Zeitalter mit schlanken Prozessen!

---

7 Website des Beraternettzwerks; https://www.beraternettzwerk.de, vom 03.02.2019

8 Deepak Mahadevan, ING's agile transformation, in The work of leaders in a lean management enterprise, S. 27, August 2017, McKinsey & Co.